# 食禪

此書在完成過程裡所獲得的美好、收穫、榮耀，都獻給如來……。

張慰慈——著、攝影

# 禪悅

食物是人人每日必然會接觸的，即使每個國度飲食文化有所不同，但對健康美味的追求卻是一致。健康與食材撿擇與調味品挑選有著一定關係，今天以一位非廚師非美食家的慰慈居士來說，要出版一本食譜，或許很多人會想這對味嗎？

我可不會這麼想，家家戶戶煮菜的人當然也不是廚師，但不也天天烹煮？差別不過是食用對象是家人或客人不同而已，或許美味與健康的順序也會跟著不同吧！究竟看這書的人，是廚師還家庭煮菜者多呢？

人生總是酸甜苦辣，勇敢積極，退卻逃避，端看各人如何面對！惟懂得品嘗的人，才會是快樂的。就像食物各有味道與千秋，如何讓人願意用心去細細品嘗，體悟個中滋味，這可是重要課題。當然如何得以色香味俱全似乎是人人樂見的。可是人生卻不會都是五味俱全的，淡有淡的記憶，濃有濃的深刻，即使苦辣也各有作用，如何讓自己是色香味俱足的人，遠比老想得到色香味俱足，似乎來得重要。就像是要給家人最好的美食，比

自己得到更加重要一樣，佛經書中一直都這樣教我的，當家人都能歡喜，我自然也歡喜，一切有緣的人也能同心歡喜。

在弘法的機緣下，我有多次的因緣，品嘗過慰慈親自下廚烹煮的齋食，以茹素三十年的我來看這份素齋，去體悟掌廚者的用心，每道佳肴保有各自的鮮明，好比是讓每一種素材以真面目見人，而各顯神通一樣。佛法講返璞歸真，就是要我們簡簡單單，明明白白，食材如果加工多了，就被稱為食品，而食品多了，健康就少了，為了自己及家人，請給他們天然食物來保持健康。

禪悅為食，書中談到「做豆腐宴，像修行，無論甚麼面貌轉換，心始終柔軟，就能有滋味驚艷。豆腐與唇齒的交好，也不同於其他菜肴的全然倚重舌尖來定奪，整體的口感也佔了相當的影響。吃豆腐可以用心感受食物對人的慈悲，在感恩中升起的敬意，也就是人與天地萬物間互相流動好能量的絕佳路徑」。

今天沙門本願邀請大家一同來細細品嘗慰慈的這本「食禪」，讓我們隨心歡喜，自在吉祥。

佛世界道場發起人 **釋本願 法師**

# 氣味終不改

2015年新年一開始，我打算將我負責出版的《揚子晚報》「閨蜜」週刊在內容上做些改變，比如那個美食版面「快樂廚房」，刊登各類美食的做法以及成品圖片。而作為編輯，這樣的版面做久了，就算再色誘亦覺得了無生趣，其中缺了些什麼呢？我一時沒想明白。

就在這個當口，有位同事說，嗨，介紹給你一位台灣的作者好麼？她的美食文章值得你去看看。

迫不及待地去收同事發給我的郵件，打開一看，我像被高人點了穴──愣住了──這位作者，慰慈，她寫出了所有我想要表達的和還沒有想明白的！（慰慈，你是我工作遇到阻滯時上帝派來的天使！）

慰慈十分爽快地答應給我寫美食專欄，她給自己的專欄起名為「食禪」。如她所言：「某些食材吃進口裡的價值觀與生活態度其實息息相關，這反差拿出來說說，挺有那麼點意思。現代人談禪，其實真不必矯情談意境，能有個好心情、好休養、好度量，就處處有禪意。」

對，這就是我之前一直想要表達而未能表達出來的意思：上好佳肴是色、香、味的藝術呈現，而美食的最終訴求則應表現為食材的本色、人之於食物的初心、食材與人的彼此悅納，有奉獻、有感恩，簡單、質樸、美好。

　　慰慈的美食文章的標題很有意思，她會用「品味」、「上心」這樣的標題來提點我們與食物的關係。她說：「對味，才是能保有自己又能擁有相投帶來融合芬芳的指標。」她寫「品味──鮮味白菜滷」，憶起十多年前隻身跨海到北京開創工作的時光，白雪紛飛的季節，在陽台上放個大紙箱，裡頭堆滿了大白菜……，那個辛苦的歲月現在品味起來是難得的浪漫呢。

　　慰慈美食的配圖，喜歡用食材原本的樣子，紅黃翠白紫，連皮上的光澤都是純天然的，能感受到人與土地深深相聯的情結，看了讓人欣慰與感念。慰慈一定是懷著這樣的心心念念，很上心地去做每一餐飯食，細細做、慢慢品，不浪費，總感恩。就好像我們基督徒的餐前謝飯禱告：「感謝主賞賜我們每日的飯食，使我們得以飽足，為我們加力。」感謝主賜予我們的每一樣食物都是最好最美的。更求主賜我們生命的靈糧，讓我們學會欣賞、熱愛、感恩。阿門！

　　上帝令大自然一年四季供給我們甘美食材，讓我們懂得每一個季節都是值得期待的，都是發光的。這樣的光亮在慰慈的美食裡時常閃現。受慰慈啟發，因著食材與人，美意與美味──這種相得益彰的關係，「閨蜜」

週刊的美食版更名為「美味關係」。

慰慈當然不是廚師，但她是我眼裡最了不起的大廚。她深諳如何用食材本味來挑逗你的味蕾。好比我們江南的廚師，怎麼證明你手藝了得？做碗陽春麵吧。沒有花里胡哨的澆頭配料，單就一碗光麵，功夫全在裡面。慰慈就有這樣的好功夫，一碗白米飯怎麼吃？一個水煮蛋怎麼做？這麼簡單的東西誰想寫、誰敢寫？慰慈！而且看得我口水滴答，跑回家一一照搬。

記得去台灣旅遊時，我滿大街找掛著「古早」匾牌的小店鋪甚至小攤點，一看見就奔過去吃吃吃，就是想品嘗「古早味」的那個古味──簡單的食材，用心的製作。

《明皇雜錄》中記載了一段高力士的故事。安史之亂後，唐玄宗不得不讓位給肅宗，身邊人紛紛散去投靠新主，其時的玄宗成了真正的孤家寡人，只有高力士仍時刻陪伴身邊不肯離去，為當權大宦官李輔國所惡，高力士被流放巫州。巫州多薺，卻人不採食，他感而賦詩《感巫州薺菜》：「兩京作斤賣，五溪無人采。夷夏雖有殊，氣味終不改。」

我喜歡這個「氣味終不改」。

慰慈，做菜做人做文章，守住本色，不改其味，可貴。

南京揚子晚報 「閨蜜」週刊主編 **申沁宇**

其實小時候我不常吃到媽媽做的飯,因為在家裡有個煮得一手好菜的奶奶,媽媽也就沒有什麼好發揮的空間,所以隱藏了我完全不知道的好手藝。在我少年時的某一天,吃到媽媽完整做的一頓飯,讓我吃驚地說不出話來,真沒料想到是如此的美味,入口清爽但有滋味,這是我對媽媽料理手藝的第一個幸福印象。

大學下課回家,通常進到家門時的第一個反應是:「哇!好香喔!」滿桌子的菜,然後就會聽到媽媽說:「再一下子就可以吃飯囉!」她總算好時間,希望我吃到剛起鍋的食物,她說起鍋那一刻是菜與飯最鮮美的巔峰,這也是我每天覺得最幸福最棒的時間。大學二年級時,有段時間媽媽的身體因為舊疾復發需要調養,所以我從學校宿舍搬回家陪伴,以便夜裡隨時有人在她身旁有個照應,也開啟了我的美食之路⋯⋯。

我的生活一向比較規律,所以每天一定會早起吃完早餐才出門,對我來說能支撐全天體力的就是這一日開始的第一頓飯。媽媽做的早餐,讓我

永遠充滿活力。母親一直都費盡心思準備我的飲食，除了均衡營養的考量外，還會用最美味的方式烹煮，並且非常在意食物盛盤的擺法。她總說色、香、味都顧及了，就會讓食物有加倍的好能量補給給我，這也是她愛我的表現方式之一。以至於我永遠都是面帶笑容地去體會這個美麗世界一天的開始。

現在我下班時間較晚，通常回到家時都不是正餐的時間，所以都會自己在外先吃個八分飽，但回到家後，家中廚房總會有一鍋最用心燉煮的湯，等著我回家。當我喝下這碗湯水時，一整天因疲累消耗殆盡的笑容，當下又會緩緩讓我嘴角揚起，重新期待著充滿著希望的明天再度到來，這種溫暖總帶給我滿溢的幸福，成為我生活中那個加油打氣及鼓勵我的堡壘。媽媽的料理，無時無刻都讓我感覺到了她對我的支持與安慰，以及她對食物的用心，對人的細心，就是那麼地純粹，那麼地直接。這也教會我細心地去體會，並感謝媽媽，也感謝天地萬物的給予。

《食禪》是媽媽這次新書的書名，她笑說從來沒想過有一天可以出版一本不談行銷理論，而單純是分享做菜心得的書。我相信很多媽媽的朋友，之前都把她歸類在「女強人」的行列，這幾年她走入信仰後，其實在社會價值觀上改變了很多，有一些只有家人才看得到的面貌，我想趁這次替她的書寫序也做一次傾吐。

　　在我家廚房，媽媽就只是媽媽，用心盡力在生活中將體會出來的種種每一份美好奉獻給了我和外婆，讓我誠然相信未來的每一天都會更加美好，而更讓我覺得幸福的是，每一份充滿加油聲的早餐，及給我溫暖懷抱的一碗湯，就是那麼地純粹，她不是總監，不是顧問，不是營運長，她是我的母親，那麼純粹的一個身分——之於我。

　　恭喜我的媽媽出新書，更謝謝她教會我凡事要以感謝的心，面對世界帶給我所有的一切。這也是「食禪」的中心含意。

宋子祺

# 初心

前年的某一天，我在台北的書店買回一本書，作者是陳曉蕾小姐，書名為《剩食》，是長篇採訪報導的集結。卷首的幾句話，讓我不禁心頭如被一記響雷劈過。

「大部分的垃圾都是錯放位置的資源，廚餘根本不是垃圾。」（可以捐贈堆肥、飼料、發電，善用資源的方法有好多）

「香港人每天丟掉的超過1/3是食物。」

「廚餘問題不只是人們不懂珍惜，食客眼闊肚窄，還因為整個商業運作都不介意生產過剩。」她說寫這篇報導時，非洲東部遭遇六十年來最嚴重的乾旱，數以千萬的人在饑荒中垂死掙扎，人們開始吃草……。這些字鏗鏘有力，字字敲在我胸口，如重槌般直搗心扉，痛徹全身。

那時我也正籌備著即將發刊的公益雜誌《寰宇人物》，其中「綠活」這個專題，正是刊物裡很重要的一個單元。我從台灣農地因為用藥過度的惡質化，開始實際了解推廣有機農作的必要性與重要性，進而意識到全球

目前食物的極度分配不均現象。這些與日俱增的資訊，讓我徹夜難眠，因為我思考著，若不能找出有建設性能改善現有環境的一條路，這些我們花下心血與時間的文字敘述報導出來，幾乎沒有任何意義。

怎麼辦呢？我問著辦公室的夥伴。驚人的是，越想解決問題，越深入了解，發現問題越多，幾乎只能用排山倒海而來做形容，然後我被淹沒了……。

這些問題大到成為政府單位無從把握的食安漏洞，農業生產規畫者與農作者的溝通不良，讓盛產的豐收，變成菜價慘跌不敷成本的血淚史；小到願意嘗試轉型有機栽種的小農，因沒有機會學習分工合作的作業方式，所以成本管控和銷售讓這經營門檻越來越高。退出放棄的永遠比堅持下去多上幾十倍，超市裡貼上標籤註明有產銷履歷的蔬果，卻有太多消息道出表裡不一的真相。焦慮與沮喪和恐懼，像怪獸吞噬了我們居住生養的這片土地……。

我總是每天都覺得時間不夠用，每天都感覺來不及。我總是每天不停地問：要如何解決？

生產過剩與浪費食物這問題，所依靠的只是專業處理技術來解決嗎？最後，我追尋出的答案是從源頭做起吧！食德的培養，應該是讓環境回歸自然很重要的一個環節，從人本教育的基礎著手，應該才是從源頭根本下手的最有效方法。

路找出來了，接踵而至的是週而復始的進進退退……，這條路似乎永

遠窒礙難行。但是，當心沉靜下來，問題收攏歸一看待，其實我們擁有的，一直都比我們需要的多很多，而輕忽是最大的問題。

有天我去田間和老農蹲在田壟邊閒聊。他剛用完餐，碗裡的米粒一點殘渣都不剩，老陶碗在太陽下閃閃發亮，和他額上的汗珠相映成趣。我在《寰宇人物》創刊號的封面上寫下一個標題「誰知盤中飧，粒粒皆辛苦」。我開始親自寫下與食物相處的紀錄，像談一場戀愛一樣，我們進入了彼此的生活。我在這場愛戀中嘗盡酸甜苦辣，但仍是幸福的滋味。

為了希望大家吃得安心，所以鼓勵朋友們都能回家吃晚飯，我以「快煮慢食」與「食當季、食當地」的態度來做食譜，讓下廚變得容易，變得快樂。

當這些文稿一篇篇慢慢成形，我為它們定了一個大標題叫做「食禪」，在南京的報紙上以每週一次的半版篇幅刊登，一轉眼一年過去……。

有朋友問我，為什麼沒在台灣先刊登？其實這中間有曲折的故事，一年前我向服務於各大報的朋友投稿，因為大家都是熟識多年的老友，因此一一真誠回覆，並與我掏心窩說話：「這稿子還真沒法用。有沒有辛辣些的內容？這對台灣人來說太清淡了……。」於是稿子寄去了大陸，在北京的官方色彩與南京的民間消費之間，我選擇了與人民生活接近的南京報紙，非常感謝揚子晚報給了我舞台。

一年來，幾十篇稿子，每篇稿子搭配一道菜，從烹飪、拍照到寫稿，

我親力親為，這一條路對我來說也是取經的路。所有食材隨著四季，自然地把過日子的行走頻率記錄下來，從每個食材自身的養分，到與農友相交獲得的盛情，也包括我對家人與朋友的心意，最重要的始終是那個開頭發願的初心，成了每道菜最好的調味料。

在2016年的夏日午後，我坐在小院子的屋內回顧這一年的種種累積心情，獲得和失去在這之間幾乎交錯並重。2015年我的父親離世，卻促成了自青年時期就離家的我，與母親更加親近。

我失去了重回商業市場競爭的時機，獲得了重拾藝文創作之筆的空間。

這是我在小院子過的第一個夏天，我敲著電腦鍵盤對夥伴文禮說，重新回頭再看一眼走過的路程，不禁有想哭的衝動。

你若問我，還接著走嗎？我的回覆是：為什麼不呢？

朋友問：不難嗎？我說：難的時候上佛堂給菩薩磕幾個頭，爬起來抹了淚就能繼續幹活兒，不怕。

你圖啥？長輩再訓。

我說：圖生在這個年代，在關鍵時刻，能幹點兒傻事，因夢想而成就志業，因此多了些真實的快樂（我對佛是這麼說的）。

**慰慈寫於** 2016.05.24

# 目 錄

## 輯2 食禪

# 食譜目次

快煮慢食，以心面對食材，聆聽它們的聲音，
希望大家都能享受烹飪心法帶來的美好生活！

輯
1

快煮慢食

# 1/傳承

米粉質地柔韌，富有彈性，
水煮不糊湯，乾炒不易斷。
　　　　　　——維基百科

這道吃食幾乎在台灣所有夜市裡都會碰見，
吃盤米粉炒再配一碗肉羹湯，就是十足的台灣滋味。

　　有個台灣道地的民間小吃，用中文的普通話來說我們叫它「炒米粉」，但是若用台灣閩南語的正確發音則是「米粉炒」，也就是說當「炒」放在食材前面的時候，它是動詞，但是如果挪到後面就成了名詞。老百姓們的日常通俗用法總是富饒趣味的，有時細細品味，真箇是百轉千迴耐人尋味。

　　這道吃食幾乎在台灣所有夜市裡都會碰見，吃盤米粉炒再配一碗肉羹湯，入口當下會感受到十足屬於台灣的滋味。

　　據傳「米粉」是中國古代五胡亂華時期，民眾避居南方而產生的吃食。一說是為了方便逃難時攜帶和食用，另一說法是當時漢人南遷華南地區，卻懷念北方的麵條，因此以稻米取代麥子，磨粉搾條而吃。無論那一種說法，都讓人有點感傷地想起那個動亂的年代，但這也就是文化的發展，因時、因地、因環境變遷……，幾千年的繁衍與傳承。

　　台灣的製米粉技術有些文獻上記載說由福建惠安傳入。「米粉質地柔

韌，富有彈性，水煮不糊湯，乾炒不易斷。」《維基百科》上的這段形容是我認為最好的介紹文了。

聽長輩說以前一般平日米粉仍屬珍貴食品，因為照當時的行情，要拿八斤白米才能換得五斤米粉，在「一支番薯籤扛三粒米」的年代，白米珍貴，米粉更是如此。總在特殊節日或是喜慶上的宴席才吃得著，現在則是平日到處可食，也是人民生活富足的顯現啊。

台灣的新竹是米粉盛產地，各國旅遊人潮來寶島觀光時，這是不可不嘗鮮的地方特色。小時候在家很難吃到這道可當主食又可當點心的菜式，因為父親的祖籍是安徽，家裡三代同堂，母親是道地台灣姑娘，卻總跟著奶奶學做父親的家鄉菜。我總要等到寒暑假回外婆家時，才能盡情放肆地大快朵頤最愛的米粉炒。

現今，當我從女兒的身分升格當了母親，自己的孩子也慢慢長大，我花更多時間照顧年邁的母親，就常為母親烹煮這道吃食，好慰藉她回想兒時的歡樂。為家人做的米粉炒，我嘗試過很多不同食材，調和出自認既有營養（現代人飲食不能只顧口欲）又具有好滋味的配料。

這幾年很多人談文創，文創是甚麼呢？

我認為，文化加上創意就是道地的文創產品，當然關於飲食的發展也不例外。

# 台灣米粉炒

為家人做的米粉炒，既要有營養又要有好滋味。

## 備料

- 米粉（細）
- 蝦米
- 絞肉
- 胡蘿蔔絲
- 綠豆芽
- 蒜頭或紅蔥頭，剝皮切片
- 乾香菇
  （食材分量可自己依據喜好斟酌）

## 烹調

1 將乾香菇與蝦米先各自浸泡，其中香菇需要浸泡到完全漲開，這樣的浸泡時間才算夠，乾香菇泡軟後，切絲備用。泡香菇及蝦米的水不要倒掉，留用。

2 米粉泡水備用，買米粉時最好問清楚米粉吃水的時間，因為這會影響米粉的彈性及口感。

3 絞肉用少許醬油先醃起來備用。

4 熱鍋放油，先將蒜片及香菇絲、蝦米爆香，待聞到香味後，放入醃好的絞肉拌炒。

5 等肉炒至約8分熟，將浸泡香菇與蝦米的水（加起來約一碗）倒入煮滾，再加入少許水，將米粉下鍋，用長筷不斷挑炒（不要用鍋鏟，米粉易斷），放入鹽、少許糖、胡椒粉，直至湯汁被米粉快要收乾前，放下豆芽菜與胡蘿蔔絲，蓋上鍋蓋10秒，見到湯汁都被米粉收乾，就可以起鍋。

## 煮婦小語

米粉炒熱食固然美味，冷吃也很有風味喔。

# 2
## 起心

高麗菜飯被尊為台灣古早味，年輕孩子形容它是「阿嬤的味道」。
我猜，高麗菜和米飯之所以會混煮，
可能是大時代生活型態下衍生出來的產物。

　　人的思緒總會被各種不同的情懷牽動著。開心的、落淚的、怨懟的、追憶的，其中最美的一種心情，應該就是憶起過往靜好的時光吧！

　　數日前，母親突然對我說，好懷念以前外婆煮的高麗菜飯，但是忘了做法，結果在家煮了一鍋糊。後來我病了一場，在家養著身體，體力一直沒恢復，這事卻一直在心上放著。

　　高麗菜飯是道地的台灣民間閩南吃食，我曾想要追尋來由，卻不得其解。這道菜飯一直被尊為古早味，年輕孩子們讚譽它是「阿嬤的味道」（阿嬤在閩南話中指的是祖輩的外婆或奶奶）。

　　我猜，高麗菜和米飯之所以會混煮的原因，可能是以前生活辛苦，家中大人多務農或做工，加上物資貧乏，沒有太多時間張羅四菜一湯的細緻飲食生活。同時一鍋飯裡有菜有肉，營養又可口，成為大時代生活型態下衍生發展出來的產物。

　　母親的娘家經過日據時代後的清苦生活，我對於在外婆家吃飯的印

象，一直都清楚感受到那種孩子們搶食所帶來的好滋味，這一點和父親這方生活富裕，卻有著眾多家族餐桌規矩，是截然不同的吃飯氛圍。

我其實沒有吃過真正的高麗菜飯，父親原生地來自海峽另一端，幼年時期跟隨爺爺工作移動，在南方住了好一陣子，記得小時候家中主婦及傭人多按以往習慣操辦三餐，所以我記憶中的菜飯是現在江浙館子裡吃到的，用青江菜蒸煮米飯而成的吃食。

至於高麗菜飯之所以被母親提起，是在去年父親過世後的事，這令她悲傷不已的日子，使她不斷回憶起童年往事，為了安慰她的落寞情緒，我憑著母親口述，親自為她蒸煮了印象裡的幼年回憶。

我曾和飲食同好開玩笑說起，品嘗美食如果單純只是為了滿足欲望，那屬於下等吃客行為，為了健康與歡聚而食，則是中等吃客。若是為了美好的歲月記憶而吃，那麼就是上等之食了。

我愛極了這種藏著記憶的味道找尋，身為做飯的人，能替吃飯的人尋回一個心中的念想，實在是極其美麗的事。為媽媽尋找她的童年，這時候的我不是女兒，而是她青梅時的玩伴。

台灣民謠有一首極美的歌，首句是彈著月琴的歌者唱著：「思啊，想啊起啊……。」

起心之間兩眼淚汪汪憶起的，卻是最美最好的往事。

# 高麗菜飯

高麗菜飯裡埋藏著一段童年往事，是媽媽心中盤旋不止的念想。

## 備料

- 高麗菜1/3個，切絲
- 胡蘿蔔1條（量可自己加減），切絲或條
- 肉絲些許（里肌肉或三層肉皆可），用1匙醬油與1匙酒先醃泡
- 香菇數朵，泡軟後切絲
- 紅蔥頭數粒，剝皮切片
- 米兩杯，洗好瀝乾

## 烹調

1 熱鍋後放油，再放入紅蔥頭爆香。

2 逐一放入香菇與肉絲，炒至肉絲7分熟後，放入高麗菜絲與胡蘿蔔絲，一起拌炒，加入鹽和醬油（有人會放一些蠔油），分量自己嘗過後再依個人喜好調整鹹淡。菜拌炒一下即可關火，讓半熟的菜放去飯鍋裡再燜，比較不會太爛。

3 先把米像平日煮飯一樣加好內外鍋的水，但是注意內鍋的水要預留等會菜出水的量（比如說兩杯米，平日內鍋是鍋裡的兩格水，我就只會放1.8格）。

4 水分確定後再把炒鍋裡的那些炒好的料倒入，切記一定要把米與菜拌勻，然後就像平時煮飯一樣。煮熟時開關跳起後，建議拔掉插頭再燜一下，即可。

## 煮婦小語

無論是直接煮或是米放入炒鍋拌炒前，都一定要先在飯鍋中量好水的分量。我認為這道吃食，好吃關鍵就在水分控制！

# 3/
# 扮相

幼年時期的記憶，筍常與豆腐、香菇、蝦米等食材，以醬燒方式燉煮入味。
一道菜裡，軟的、脆的、彈牙的……幾種口感匯集一處，
舌與齒先與誰相遇，那個開場舞的步伐揚起便各有不同……

吃筍的季節到了。

市場裡、網路上，各式各樣的鮮筍都開始拋頭露面出來見客囉！我的
冰箱裡，也有著好幾種不同品種的筍備用著。

有一整年的時間，我在自辦的雜誌裡安排了一個綠活單元，內容是台
灣各地勤奮推動自然無毒栽種技術的農友介紹與耕作故事，因此與眾多自
耕小農成為朋友。

在食安問題日趨重要的今日，有幾個農友至交，是生活上很大的平安
與幸福。更幸運的是，在日常生活中常受到這些朋友們的照顧，我們位居
台北的辦公室，從遠處農村寄來的禮物幾乎從沒中斷過。

有一位好朋友說她有個從事廚藝教授課程的朋友，從都市搬回稻米的
故鄉台東池上居住，院子裡放著一張長餐桌，日日清早起床，都有農友早
早放了剛採摘的各式蔬果在桌上。而我受大夥兒的照顧，比這位幸運兒有
過之而無不及，驚喜事件更是不勝枚舉……。

前幾天帶好朋友上山吃野菜，吃飽喝足後，老闆娘同時也是我微型企業輔導案的學生，悄悄在我耳邊說：「有親戚自己種的桂竹筍，送了一大布袋來，我們已經處理好那扎手的外殼，也燙煮半熟了，讓妳嘗嘗這山裡春天的滋味。」下山時，我手裡已經拎著他們的盛情回家。

週末到來，生活的重頭戲是我可以充分利用完整時間替母親做飯。老人家像小孩，有時讓她吃得津津有味的不是昂貴的進口吃食，而是送進她心裡的關愛，這道理其實不難，但是做起來是需要花些心思的，我對此倒是樂此不疲。

將桂竹筍攤在桌上，心裡規畫著如何讓它變成道地的山珍等級佳肴，這美食藍圖擦擦改改好幾回，在我把藏在瓶瓶罐罐裡的食材做了一次完整巡禮後，終於有了好想法。

我認為中式菜肴最有趣的是對於每種食材口感的運用，雖然在舞台上像是配角的位分，卻往往在關鍵時刻能將主味提升到更高層次，在饕客口裡完成最美好的演出。尤其像筍這類的食材，口感往往比本身香氣更觸動人心。小時候家裡吃筍是大事，因為它本身的滋味極輕淡，如何熬一鍋好湯去煨煮入味，又如何讓帶苦味的筍能離水去苦，都是主婦們顯本事的活兒。

桂竹筍的盛產期在清明節前後，約是春季的三月到五月之間。由於產期較短，且離土的桂竹筍不耐放，因此大多數人在市場買到的桂竹筍，都是已經過蒸煮殺青後的筍子，肉質較硬的，則會進一步加工做成筍乾。

在台灣很多觀光風景區的小吃攤上，會熬著一大鍋桂竹筍湯，湯頭清香，飄著山上雨水淋過竹葉的味道，無論是大骨熬煮，還是香菇素煲，那滋味都令人流連。

在我的記憶裡，幼年時期那個與祖輩同住的歲月印象，筍常與豆腐、香菇、蝦米等食材，以醬燒方式燉煮入味。一道菜裡，軟的、脆的、彈牙的……幾種口感匯集一處，舌與齒先與誰相遇，那個開場舞的步伐揚起各有不同，以前爺爺的此番形容，對還紮著小辮的我來說，實在很難體會，反倒是往後的幾十年我在商場上行走，偶爾會浮起老人家在飯桌上吃筍的比喻。

我的做菜年齡其實不長，真正長期離家在大陸工作，也是將近四十歲將至時的事，把握住幾個基本功法，其餘全憑兒時記憶與處事原則，一起放在鍋中架構而來。古人說「治大國如烹小鮮」，前人的智慧真是精妙無比！一盤筍加上搭配的材料，像是刀馬旦齊聚的一齣京劇，舞台上各有不同的扮相，鑼鼓點響起，各顯戲魂，讓看戲的客倌心醉神迷吶！

# 筍燒豆腐

一道菜裡，軟的、脆的、彈牙的各種口感匯集一處，像刀馬旦齊聚的一齣京劇。

## 備料

- 桂竹筍
- 絞肉
- 乾香菇
- 蝦米
- 豆腐，切塊
- 蔥，切成蔥花

## 烹調

1 桂竹筍沖洗乾淨後，切掉纖維較粗的部分，燒一鍋熱水，水滾後放入桂竹筍煮 5~10分鐘之後撈起。用手撕成一條一條的，再切成長段備用。

2 乾香菇數朵與蝦米數個泡水，香菇軟了之後，切條狀備用。

3 將平底鍋加熱後，放少許油，把豆腐置於鍋中，雙面煎至微微焦黃，起鍋盛盤 備用。

4 將平底鍋洗淨後，重新熱鍋倒油，將泡軟的香菇和蝦米放入鍋中爆香，再倒入 蔥花翻炒至5分熟。

5 放入桂竹筍，並加適量醬油稍加拌炒後，把煎香的豆腐放入，注入大半碗清 水，加適量鹽或醬油以及少許糖，煮至滾沸。

6 開大火收湯汁，湯汁收盡前熄火，撒上蔥花，蓋上鍋蓋30秒，起鍋盛盤。

# 4/ 敬天

菜豆接受陽光曝曬後，將鮮甜鎖在乾燥的菜乾裡，
經過烹煮一下釋放出來，讓醬燒的肉汁裡有了另一層菜香與根甜，
這是能溫暖人心的色澤與味道。

　　我在大學時選修包裝設計這門課，有一回要交作業，教授規定自選產品做設計。雖然已經是三十年前的往事了，但是我印象一直很深，當時我選擇了食材中各式乾貨來做產品包裝，還為此取了個「東隅」的品牌名。坦白說當時那個年紀說不太清心中的厚實感，只是自小家中常見的兩道食材深得我心，一是香菇，一是淡菜。這一素一葷兩種食材乾貨，光是香氣就讓還是孩子的我陶醉不已。

　　「隅」是角落的意思，東方的一個角落，那是一種無法清晰說分明的情緒，但也是那時心中的浪漫發想。長大後對乾貨還加上另一種情感，因為開始知道這製作的初心，是為了保存食物。物資不豐富的年代，珍惜每一丁點天地所賜的資糧，這裡面除了感恩外，還有前人的惜物智慧，有著未雨綢繆的準備。天地初始和人的關係真是奇妙，人們靠天吃飯，也想辦法用自己的方法在天地間擁有更好的生活。

　　台灣，土地面積雖小，但南北的生活習慣文化卻仍有很大差異，人文

薈萃程度絲毫不亞於一些大面積的地區。前些日南下，認識一些新食材，讓我這城市鄉巴佬興奮不已，其中包括了「菜豆乾」（台灣人一般口裡的菜豆是指「豇豆」），遂訂了一些餽贈好友，這個在自己土地上栽種、收成，自己曝曬的安心食材，在我眼裡是珍貴又有溫度的禮物。後來發現也是很多朋友兒時美妙的記憶留存。

在從前那個物以稀為貴是基本價值觀的年代，很多食物的料理方法只因為是尋常食材，所以不會變成正式的食譜紀錄特別流傳。現在大家注重養生，發現這種自然孕育出的物種才是對人類最好的養分，遂慢慢開始揚眉吐氣起來，尤其在城市發達地區更是。這種轉變受惠的絕不只是口欲的滿足，還有對天地的敬意，才是心靈的最大豐收。

農家朋友教導，兩道菜比較普遍的吃法，一是煮湯燉排骨，另一是與肉紅燒。我挑了燒肉試新菜，因為醬燒是中式菜系裡很重要的一種烹飪方式，只要火候拿捏得好，就能在飯桌上佔盡風采。

果真，醬燒讓色澤與滋味都呈現甲等分數，菜豆接受陽光曝曬後將本身的鮮甜鎖在乾燥的菜乾裡，經過烹煮一下釋放出來，讓醬燒的肉汁裡有了另一層菜香與根甜，兩者搭配出深淺不一的大地色系，這是能溫暖人心的色澤與味道，這等好滋味一定要推薦給所有的好朋友們，讓道地台灣在地美食有更多新的食材運用，創造新的菜單。

# 菜豆乾燒肉

菜豆乾被陽光封存的鮮甜，最適合與醬燒相遇。

## 備料

- 菜豆乾些許
- 五花燒肉片
- 乾香菇3朵
- 八角2粒
- 薑，切片

## 烹調

1 將菜豆乾沖洗乾淨後與乾香菇一起泡水備用（香菇需浸泡稍長一點時間，菜豆乾約15~20分即可）。

2 平底鍋熱鍋後，轉小火，燒肉片洗淨後瀝乾水分，以筷子鋪平至鍋中，肉熟即迅速翻面，兩面微黃後馬上夾起（鍋內不用放油，肉片中自然流出的油脂恰好）。

3 肉片全起鍋後，利用鍋內餘油，將切片好的薑放入煸香備用。

4 準備好可用來紅燒用的鍋具，放入水、少許米酒、醬油，然後放入煎香的肉片和薑片，與香菇、八角，煮約10分鐘後，倒入泡好的菜豆乾，繼續煮10~15分鐘（時間長短可視菜乾熟軟程度而定）。

5 起鍋前3分鐘開大火收乾湯汁，即可起鍋。

# 5/雙全

南瓜與豆腐這兩味，在我眼裡是一對絕代雙驕，
我總想要拉攏它們並肩一回，不想硬去分個誰主誰副。
人生在世有時多有兩難，若要雙全多需依靠智慧。


雙全二字，在中國成語裡相關的形容，有論文與武，有評才與貌，真正能讓人歎為觀止，必須本身兼具兩項截然不同且難以並存的絕技，像冰與火能共存於一身般，就成了受上天寵愛的驕子。

我常形容南瓜是蔬果中才貌雙全的代表 其形優美，從古至今都受到不少藝術工匠青睞，作為各種器具造型的範本。無論大小，都能變成不同空間的擺設裝飾。據《本草綱目》註，南瓜性溫味甘、入脾、胃經。具有補中益氣、消炎止痛、化痰排膿、解毒殺蟲功能、生肝氣、益肝血、保胎。中西方對南瓜的料理多不同，但都能在菜肴美味上做最好的滋味提升。香甜鬆軟，入口時毫無門檻地與味蕾相愛，論養分、談滋味，都是蔬果中的上品。

我在幼年時期，不喜歡糊爛口感的食物，但是恰巧童年與祖輩同住，三代同堂，母親一切持家方向都以家中高堂的生活習慣為準則，所以南瓜是飯桌上的家常菜，卻老是讓我對它敬謝不敏，逃之夭夭。直至我在北京

小時候的我和奶奶。

居住的那幾年，常去郊外菜園子附近騎馬，竟從此愛上這個美麗的果實。

當然，若要談到文武都相宜的，非豆腐莫屬了。蒸、煮、炒、炸各有滋味，也招招精采。目前關於豆腐傳統製法的文字記載，最早見於北宋。寇宗奭《本草衍義》：「生大豆，又可磑為腐，食之。」元代鄭允端「豆腐」詩中有「磨礱流玉乳」的描述。

豆腐相傳是中國漢高祖劉邦之孫──淮南王劉安所發明。豆腐含有多種營養物質，更是素食族群最喜愛的食材之一。全球的食物烹調大概很難再找到能與其相比的特色了，從香煎到燒滷，都有眾多愛好者追隨，臭豆腐更為一絕，這也是豆腐宴能在很多地區成為特色美食的原因。

中國菜的奧妙，除了煎、煮、炒、炸等基本烹飪技術外，有些食材間的互相搭配提味，才是高手真正顯露才藝之作。經常感覺大廚就像戰場上的大將軍，如何調兵遣將？何時走火攻？何時下令作水戰？各有學問與巧妙安排。

南瓜與豆腐這兩味，在我眼裡是一對絕代雙驕，我總想要拉攏它們並肩一回，試了幾種搭配，不想硬去分個誰主誰副。人生在世有時多有兩難，若要雙全需多依靠智慧。

我喜歡稱這盤金黃氣勢的菜為「黃金萬兩」，這樣的搭配是圓一個雙全的緣分，也為大家討個吉祥！

# 南瓜豆腐雙燴（黃金萬兩）

黃瓜與豆腐並肩搭配，誰也搶不走誰的鋒頭，圓了雙全的緣分。

## 備料

- 南瓜，切塊
- 雞蛋豆腐，切塊
- 絞肉，以少許醬油醃10分鐘
- 蝦米8~10隻，泡軟
- 蔥，切成蔥花

## 烹調

1 熱鍋後放油少許，以中火將豆腐煎到兩面金黃後備用。
2 用乾淨的鍋重新熱鍋放油，以中火放入蝦米爆香，10秒後倒入醃好的絞肉拌炒，至絞肉7分熟。
3 倒下南瓜塊拌炒均勻後，倒入3/1或1/2飯碗的水（以碗大小做調整），蓋上鍋蓋，將火轉成中小火燜燒約1分鐘，請依南瓜熟軟度為開鍋標準。
4 此時蝦米的鹹味也部分融入湯汁中，放入豆腐，開大火收濃湯汁，若是採用雞蛋豆腐，豆腐中的鹹味會被激化出，因此起鍋前試一下味道，再決定是否要補放鹽。
5 起鍋前撒上蔥花，關火後略微拌炒，盛盤。

認識大地的寶藏

# 南瓜

南瓜是葫蘆科南瓜屬的植物，原產於北美洲。「南瓜」一詞可以特指南瓜屬中的中國南瓜，也可以泛指包括筍瓜（又稱印度南瓜）、西葫蘆（又稱美洲南瓜）等在內的其他南瓜屬栽培種。

閩南、客家人稱其為金瓜，在湖南常德等地也叫「北瓜」。南瓜在中國各地都有栽種。嫩果味甘適口，是夏秋季節的瓜菜之一。老瓜可作飼料或雜糧，所以有很多地方又稱為飯瓜。

《本草綱目》記載，南瓜性溫味甘、入脾、胃經。具有補中益氣、消炎止痛、化痰排膿、解毒殺蟲功能、生肝氣、益肝血、保胎。

在西方，南瓜常用來做成南瓜甜派。南瓜瓜子可以做零食。幾乎全株都可以運用，頗富經濟價值。也因為本身色澤外形都美，也有很多果實較小的品種，被人當作案頭擺飾或是藝術品製作臨摹的參考。

資料參考│維基百科

# 6/ 食 · 德

吃得健康、吃得滿意、吃得溫馨、吃得開心,
均衡的飲食與美味的口欲滿足,其實是可以同時並行的,
家人在住處團聚帶來的溫暖,是家庭快樂指數提升最好的加溫計。

　　和從事飲食文化工作的朋友一起吃飯,她提到一直想做一個「好好吃飯」為主題的作品,聽後我不覺莞爾,也深表認同。

　　這幾年來世界食安問題頻傳,我在台灣推動著有機飲食與自然農法耕作的植栽產品,其實更重要的中心理念是希望能落實「食德」教育。現代社會中產階級為主要人口骨幹,此階層多為雙薪家庭,男主外女主內的界線不似以往清晰,好處是互相分擔家庭生計,也共同經營家庭生活。比較艱難的是少了守候在家的固定成員,在家吃一餐自己做的飯,反而成為難事。也因此如何鼓勵煮夫或主婦們,珍惜為家人從事的烹調服務,一直是我近年來努力的課題。

　　吃得健康、吃得滿意、吃得溫馨、吃得開心,均衡的飲食與美味的口欲滿足,其實是可以同時並行的,家人在住處團聚帶來的溫暖,是家庭快樂指數提升最好的加溫計,再加上恰到好處的備餐工作,兼顧以上所有的「好處」外,更是德行上一個善緣的圓滿呈現。

目前全世界都面臨未來糧食可能短缺的危機，經研究分析指出最大的糧食損耗，多來自食材運送途中的腐壞，所以「食當季」與「食當地」成了我常分享給朋友的想法，也是食德教育過程中很重要的核心理念。在這個運動推行過程中，我們十分努力地思考如何拿掉在家開伙這件事，帶給雙薪家庭所遇到的門檻：

1. 設計簡便主食的菜單。

2. 簡單還要不失美味與美麗，家人的喝采往往是讓煮食者持續加油最大的動力與鼓勵。

3. 綜合上述三點外，加上健康考量，這也是上下兩代或是三代互相關心最彰顯的表現。

在執行推動的工作中，我們發現每餐的蔬菜類是最需要花巧思設計的，大部分的蔬菜，在傳統的中國烹飪中經常淪為盤邊配角，成為襯托主菜的配菜角色，因而呈現的滋味過於單一，讓年輕朋友在品嘗時，忽略了飲食生活中攝取蔬菜的重要性。

這道綠花椰菜拌堅果，在季節轉換的時刻，很適合全家人補充葉綠素與纖維，做法又簡單，卻因為有了堅果的加入，滋味層次豐富，視覺上也很繽紛。一般人多將堅果視為零食，一不小心反而容易吃過量，其實堅果類食物含有膳食纖維和植物固醇，有助於軟化糞便並改善便秘。適量食用更有助於預防、降低心血管疾病發生。

我把這麼美好的食材搭配，獻給每一個互相友愛的家庭。請各位煮夫與主婦們快洗手作羹湯吧！

# 綠花椰菜拌堅果

邀請堅果加入，豐富了蔬菜的味覺層次，視覺上也很繽紛。

## 備料

- 綠花椰菜1棵
- 綜合堅果1小把
- 柴魚1小撮（視個人喜好）
- 橄欖油或是椰子油2茶匙
- 鹽與胡椒少許

## 烹調

1 花椰菜剝摘成適當大小。

2 備一鍋清水，煮沸後放入花椰菜，約30秒後撈出，瀝乾水分，放在容器中備用。（川燙會稍許破壞花椰菜的養分，但一般人又不習慣生食，所以稍做川燙，但不建議燙太久。）

3 將適當鹽與胡椒粉拌入燙過的花椰菜，淋上備好的2茶匙油，第一次翻拌至均勻，然後倒入堅果做第二次翻拌。

4 盛盤，有備柴魚片者，可將柴魚一小撮放在盛盤後的菜上端，待吃時再做第3次翻拌。

# 7/情重

靠天吃飯這件事，
更具意義的是對天地間的尊敬與感恩的生活態度，
因為讓心回到原點就是參禪……

收到一份美麗的禮物。

工作夥伴國田送來他母親自己下田栽種的農作給我。滿滿一大袋，有小黃瓜、秋葵、小玉米、瓠瓜、茄子……，這些當季以自然農法栽種的蔬果，對生長在都市叢林的我來說，如獲至寶。

也許很多人想不明白，為什麼重返原始耕作工法，變成現在大家追尋的重點。因為在科技高度發展後，我們的糧食栽種受到資本功利主義影響，為了貪快貪多，發展出太多有害人類健康的產物，重新尋回最初務農的步驟與方式，一步一腳印地日出而作，日落而息，還要記得在田地裡留下一小塊貢獻給鳥兒蟲兒的吃食，作為謝天的心意。

靠天吃飯這件事，更具意義的是對天地間的尊敬與感恩的生活態度，因為讓心回到原點就是參禪……。這樣的生活審思，讓我們意識到現代人竟捨棄了人生真正的養分。

其實我的內心是有些悸動的，日前和台灣農業縣市雲林的長輩通電

話，提到對農作的理念，大家確實都是在一條道路上行走的朋友，慢慢了解到協調與溝通的真意，等待與空間的給予，似乎都是成就緣分不可少的功課。「食當季」成為現代人養生很重要的生活態度。

唐代李紳寫的《憫農詩》：

「春種一粒粟，秋收萬顆子；四海無閑田，農夫猶餓死。」

「鋤禾日當午，汗滴禾下土；誰知盤中飧，粒粒皆辛苦。」

這兩首詩句裡道盡農民的辛苦，現今讀來特別有感觸。感恩天地間所有賜給人類的生命美好。

自己栽種的無毒農作，在這個年代顯得多麼珍貴啊！這份情重的禮物，在炎炎夏日，我想就來做盤溫沙拉吧。

所謂溫沙拉，是指每樣蔬果都經過川燙熟成，再降溫後拌以調料，即大功告成，要訣在每樣過水的食材所需的時間不同，以及最後的調料製成，就是這道沙拉的美味關鍵。溫沙拉與生菜沙拉最大的不同，在中醫理論基礎上，後者對人體來說並不算是養生料理，因為生冷的蔬果有時寒氣太過。

謹以這道彩虹溫沙拉獻給珍視自然與養生的朋友們。

# 彩虹溫沙拉

天地賜給人類的生命美好，就像這一抹雨後跨越天際的彩虹。

## 備料

- 有機小玉米或玉米筍，切段
- 小黃瓜，切厚片（川燙後口感較好）
- 秋葵（先不要切，川燙後才切段）
- 蘆筍，削去老皮後切段
- 鮮木耳數朵，切絲
- 番茄（以做菜用的傳統番茄為主）
- 薄片鮮肉（超市裡非冷凍的最好）

## 調醬

日式醬油（比較甘甜，鹹味沒那麼重）＋少許蜂蜜（分量看個人喜好）＋檸檬原汁（分量可依個人喜好調整）＋少許海鹽。喜吃辣的人，建議將生辣椒先搗過，在醬油內浸泡一會兒，或是加點芥末調配，但忌用辣椒油或辣椒醬，因為會破壞沙拉的清爽。有些人會加些芝麻醬，味道更濃郁，但我個人感覺那樣就沒那麼爽口。

## 烹調

1 一鍋水煮滾後，加兩小匙鹽。
2 鍋邊放置另一大盆冷開水。
3 上述食材依熟成度所需時間長短，依序下鍋：玉米、小黃瓜、秋葵、鮮木耳、蘆筍，再倒序撈起：蘆筍、鮮木耳、秋葵、小黃瓜、玉米（每樣下鍋時中間相隔約2秒，從最後一樣蘆筍起入鍋後約6秒後，即可開始依序撈起，不須另外等待。）撈起後迅速丟入冷開水中降溫，盆中水溫高升後，須再換涼水（所以要備有足夠的冷開水備用）。降溫後馬上撈起，不要在水中浸泡太久。
4 蔬果都撈起後，最後燙肉片，一見變色熟了之後立刻撈起，防止燙煮過久變老。
5 盛盤，稍作擺盤整理，淋上醬汁即可。

## 煮婦小語

有人問番茄和小黃瓜需要川燙嗎？

我的回答是：番茄是裡面唯一沒經川燙的，小黃瓜是有的，因為瓜類寒性最重，只要控制過滾水的時間，可以去掉黃瓜某種獨特突出的氣味，又保留脆口的口感，讓整盤沙拉的滋味更調和些。

8/
緣圓

對講究美食的人來說，
真正的廚藝展現，
在那麼小小一口之間
就可以評判高下。

拌飯與炒飯看似相近，過程卻大不相同，
各食材之間除了需要能相合的度量外，每個材料的特色卻依舊存在。
我常喜歡將「拌」與「伴」兩者兼融，這一點可能跟我的愛情觀有關。

　　中國字因為來自於象形，所以非常饒富趣味，有時一個小小的部首，
都能造成名詞與動詞的改變。「伴」與「拌」就有這麼一種巧妙關係，其
中「半」是基本元素。既然本體只有一半，那麼就是說還有二分之一的空
間可以讓我們盡情運用。

　　我剛到大陸工作生活時，為了沖杯咖啡，在超市裡遍尋不著奶精，後
來才發現那個叫「咖啡伴侶」的產品正是我尋尋覓覓之物，不覺莞爾，只
覺這名字起得真好，切實又浪漫。

　　中餐裡，也常用到「拌」這個技法，涼拌是我們最熟悉的做法，再來
就是乾麵的吃法，最後總會來這麼一下，所謂的拌麵都被歸於此。反而對
於米飯類食物，我們習慣用「炒」的技法料理，讓各種能相合的食物，變
成相伴的同袍關係，快炒後成就條件豐富的一道吃食，和韓國料理的拌飯
其實有著異曲同工的效果。

　　我對這兩種方法調理出來的餐食都很喜愛，看似一道輕鬆簡餐，對吃

的人來說，一根湯匙就能解決吃進口的過程，但是送進嘴裡之後，每道材料才在口舌唇齒間，發揮互相擁抱而香氣四溢的完美效果。對講究美食的人來說，真正的廚藝展現，在那麼小小一口之間就可以評判高下。

這時廚師是媒人，也是高階經理人，如何挑選適當食材一起搭配迸出火花，以及如何善用各食材的長處，在在都需要高度的協調，甚或溝通能力才能完成。難怪古人說「治大國如烹小鮮」，一點都不假啊！

廚房中的熟手大都知道，一道美味的炒飯，除了食材豐富外，米飯的處理方式其實是很大的關鍵。最常聽到的多是「隔夜飯」是炒飯上品，其實真正的原因是放冷的米飯（曾放入過冰箱的更好），降過溫的米飯脫離些水分後與其他食材相合時，才能順利接納其他汁液融入，又不至於過度糊爛，粒粒分明的米飯才有彈牙的快感。

拌飯又有些不同，所有食材單獨料理，最後一個動作才能到達演出高潮，雖然看似結果相近，其實各食材之間除了需要能相合的度量外，每個材料的特色卻依舊存在。我常喜歡將「拌」與「伴」兩者兼融，可能跟我的愛情觀有關，除了互相依戀外，若還能志同道合，才算完美圓滿啊！

# 黃金什錦拌飯

所有食材看似獨立成軍，卻又相融為伴，演出高潮就在拌這個過程。

## 備料

- 前一日煮熟的米飯
  （或已經冷卻4小時以上的白飯）3~4碗
- 雞蛋2個
- 櫻花蝦少許
- 蔥花
- 小管，用滾水燙過後，切條

- 蘆筍4根，切段
- 木耳數朵，泡軟切絲
- 青花椰菜數朵
- 乾香菇3朵，泡軟後切絲
- 玉米筍3~4支
- 乾腰果數粒

## 烹調

1 將蛋去殼後，在碗中打勻，加入少許鹽。

2 找一大碗將飯全數倒入後，淋下打勻的蛋汁。攪拌至每一飯粒都被蛋汁包裹。

3 熱鍋後放入兩匙油，將裹滿蛋汁的飯放入，爐火開中火，拿一雙木筷子在炒鍋中不斷以畫圓方式快速攪動，好讓每粒飯都能均勻受熱，待米粒已經呈現金黃色時關火，放入蔥花與櫻花蝦拌勻後備用。

4 燒熱一鍋清水，將蘆筍、青花椰菜、玉米筍放入川燙後撈起（分別所需時間為5秒、8秒、10秒）。

5 熱鍋裡放油，先放入切絲的香菇爆香，再將川燙過的小管絲、蘆筍、青花椰菜、玉米筍和木耳絲等食材，放入一起拌炒（喜歡辣味者可加辣椒），倒入醬油、鹽及少許糖快炒起鍋。

6 準備盛裝容器，放入炒飯和炒料，撒上腰果，稍作攪拌，最後撒上胡椒粉就可以上桌。

# 9 / 采頭

蘿蔔是好東西，生著吃打嗝，熟著吃放屁。
在大陸工作時，常住地在北方，冬季一到，
陽台紙箱裡堆滿了大白菜和白蘿蔔，無論怎麼煮食，百吃不厭！

　　菜頭是台灣人用閩南語說的白蘿蔔，翻成普通話的諧音，正好跟象徵好運的好彩頭一樣，所以是個代表吉祥的蔬果。生於五〇與六〇年代的朋友，在幼年時期幾乎都玩過拔蘿蔔的團體遊戲，當人龍築起，當年孩子們的笑聲，至今仍猶在耳，可見我們自小對蘿蔔的生長方式就是非常熟悉的。

　　有句俗話說：「青菜蘿蔔各有所好」，意指每個人的喜好各有不同，菜頭能被拔擢成為某種形容代表，讓我再次發現它實在是生活中很普遍又很重要的飲食用料。

　　以前在大陸工作，常住地在北方，冬季一到，我的陽台紙箱裡肯定堆滿了大白菜和白蘿蔔，無論怎麼煮食，百吃不厭。無論古今，蘿蔔一直是中、日、韓不可缺少的食材，有「亞洲之寶」的稱謂，這也展現了人們對它的推崇。

　　蘿蔔是好東西，生著吃打嗝，熟著吃放屁，愛吃蘿蔔的人都知道，空腹喝蘿蔔湯最容易放屁了。在台灣，全年除了六至七月氣候炎熱不易栽種

外，其餘時間都可以種植。

　　今日清晨去逛街邊早市，看到蘿蔔肥美鮮嫩，想著近日氣候已被暑氣盤據，遂想著買來為家人調理體內濕熱，維持接下來一整個夏日的身體健康。在此順帶提一下我提到的「早市」，這是在台北這樣現代化的城市裡，一個有趣的風景，它已是形成常態定點定時的一個聚落商業群聚，和傳統市場與超級市場最大的不同是，早市用很短的時間，在城市的時間夾縫中存在著。

　　在寸土寸金的都市，早市常存在於一些民眾經常出入的住宅區附近，我並不確定是否每一個群聚的點都有合法申請，但是帶給民眾方便卻是不爭的事實。這樣的市集裡，販賣的東西大多以蔬菜與水果，或是部分熟食的自製包子、饅頭居多，少有新鮮肉品（我想是因為與流動不易有關）。

　　甚麼是時間夾縫呢？就是在一般人每日常態性作息活動開始前的一至兩個小時內，從聚集到散去一氣呵成。也就是說若你早上七點才趕到現場，大概已有一半以上的菜攤已經離去，所以最精華的採購時段，在清晨五點半到六點四十五分之間，因為需在車輛與人群甦醒前騰出位子，還給都市本來的面貌。所以冬日時，若要去早市，我常需要摸黑出門。

　　至於它的迷人處在那兒呢？在這市集裡的賣家多是小農自己挑著擔子，開著小貨車就來了，因為直營，所以價廉，更因為直營，所以物美，你總可以買到最新鮮的蔬果－－那些沒被冷藏過的，剛剛現採的。

　　偶有些魚攤，攤主們告訴我直接從港口開了車就來。尤其是一般超市

裡根莖類作物總擺了些時日，傳統市場裡又人聲鼎沸夾在有限的空間裡，空氣品質堪慮。早市多在露天街邊，在早市裡碰見的多是熟面孔的買家，一樣早起的一群人，碰面的次數多了，雖然互相不知姓名，卻多會互相寒暄。對我來說，早市總像個遊樂場一般，我老在此尋找自己的樂趣與寶物。

習慣早起的我，常在走完一趟早市回到家，家人與周公的聚會往往都還沒散夥兒。我形容早市像是都市中夜間的一場雪，太陽出來前就已開始融化，化成一攤水，當白日正式開始時，一切都像未發生過一樣。

在夜生活與白日的尋常生活中，有那麼個夾縫中的時間，養著一群人的生活，買家賣家都在裡面，是一種生活中另類的浪漫。

# 蘿蔔燉肉

夏日天熱，家人少食滾燙湯水，就讓我做一盤蘿蔔燉肉來下飯吧！

## 備料

- 五花肉1大塊，切成3公分厚，半個手掌大小數片
- 白蘿蔔大半條，去皮後切成5公分小塊
- 乾蝦米少許
- 薑片3片
- 蒜1支，切段

## 烹調

1 飯碗中裝半碗水，將蝦米泡入備用。
2 以中火將平底鍋加熱後，放入備料五花肉，鋪平鍋中，倒入薑片和蒜片一起乾煎至兩面微黃，取出放入盤中，再將肉切成兩指寬度數塊。
3 將兩大碗水置於鍋中煮沸，放入煎過的五花肉，蓋上鍋蓋以中小火燉煮10分鐘。
4 再將白蘿蔔與泡軟的蝦米一起倒入煮肉鍋中。
5 加入兩匙醬油（分量視個人喜好做些許調整），燜煮至蘿蔔透明（要注意鍋中水分不要煮乾了），即可關火起鍋，喜食醬燒帶甜味者，起鍋前可加少許冰糖。

# 10/轉合

看似一碗簡單的澆頭飯，每一個材料下鍋的時間、順序都有講究，
最後合而為一，都到一飯碗裡，這碗底的乾坤，醞釀了十足的情意。

　　當季節變換真真實實的交替之後，穿衣換季了，飲食呢？這幾天母親
說天熱胃口不好，我說來做些「澆頭」擱著吧，隨時可澆飯、澆麵，方便
又好吃。

　　「澆頭」這詞兒在台灣很少聽到，十多年前我在上海工作，第一次聽
到時感到十分新鮮，後來當地同事告訴我，這兩個字的涵義是指添加在
飯、麵上的配料，了解後深感這命名著實貼切。

　　一碗飯或是麵，把配料從頭上淋澆下去，白飯白麵條兒頓時變得豐富
多彩，有滋有味。我心想的是，這頭，澆得好呀！其實這形同臺灣說的肉
燥或是滷肉，只是在上海，澆頭的配料是很豐富的。

　　當外面氣溫攀高，無論做飯的人或是吃飯的人，那原本該是享受的時
光，頓時變得與酷刑無異。這時候變換烹煮菜肴的方式，應該是所有煮婦
或是煮夫們的當務之急。能順應外相無常變化調伏自己，也是一種行禪的
方式。

這個季節早市裡的番茄個個肥美明豔，番茄別名「西紅柿」，大凡冠上「番」這個字的物種，多是原本非產於斯土的外來種。當大夥兒漸漸對食物的攝取朝健康營養方向邁進後，對它的喜愛與仰賴就更多了。現在有研究指出，番茄內含有抗氧化物——茄紅素，能有效預防前列腺癌，以及抵抗皮膚被紫外線曬傷，加熱烹煮後，番茄會釋出更多茄紅素在油脂裡。一些研究人員還從番茄中提煉出物質治療高血壓。

　　我愛番茄，因為光從外貌上看，它就美麗又可愛，在心理學上的理論基礎上，這明亮的紅已足以讓人感到食欲大振。但從口感上來說，現在市面上的品種已多到不可勝數。記得幼年時期的番茄，幾乎和水果沾不上邊，外相也與現在普遍坊間看到的不同，多是青皮帶點黑色，在台灣，南部人會把番茄當成一種零嘴吃食（甚至沾著醬油吃），此外大多入菜。在我的老家，家人最常用它當做炒豬肝的配料。

　　我則喜用番茄、胡蘿蔔、絞肉、洋蔥拌炒（素食者可將後兩樣更換成芹菜與豆乾丁），再用些許醬油、胡椒粉以小火燉煮，番茄加熱後遇到油脂，茄紅素豐富，混合其他食材之後，酸甜滋味在醬汁中扮演的是提味角色，總能讓入口之後的驚艷到達滿分，開胃指數破表，營養也同時拔得頭籌。

　　現在，多數人的飲食不再是滿足需求，而是為了追求口欲，過盛的食物雖然彰顯了豐富的物質生活，但超標的熱量其實折損了健康，也製造更多的廢棄物資，因此簡單卻豐富，清淡而有味的飲食，是我一直想與各個

家庭分享的廚房運作守則。工商社會，大家在家裡吃飯的時間少了，能在家裡一起吃餐飯，該珍惜的應該是家人相互間給予的關心與團聚的心情，食物的美好採其精華，不在量大，而在質精。

　　看似一碗簡單的澆頭飯，每一個材料下鍋的時間順序都有講究，最後合而為一，都到一飯碗裡，這碗底的乾坤，醞釀了十足的情意，與每道食材貢獻出的獨特滋味與包容力，小小空間大大學問，就如同禪坐的人，你看他盤腿坐在原處，千頭萬緒要收攝入心，還得沉澱下來，起承是功夫，轉合是修鍊。

　　好朋友們，為自己與家人準備一碟澆頭飯吧！

# 雙紅報喜澆頭飯

一碗澆頭飯做來不難，開胃指數破表，營養更拔得頭籌。

## 備料

- 番茄（西紅柿）2個，洗淨後切成碎末備用
- 洋蔥1顆，洗淨後切碎末
- 胡蘿蔔1條，刨絲備用
- 絞肉1盒，退冰後用醬油稍微醃漬備用
- 芹菜1小把，切末備用

## 烹調

1 炒菜鍋熱後放油，將洋蔥和絞肉全數倒入，用筷子撥勻，拌炒至7分熟後盛碗備用。

2 鍋面做好清理，重新倒入少許油，將番茄碎放入鍋內稍微拌炒後，將洋蔥肉末重新加入鍋中翻炒，加入半碗水，將胡蘿蔔絲放入後拌勻，加適量鹽與醬油，煮至水滾，蓋上鍋蓋，燜燒約30秒後關火。請注意鍋中水分若稍乾，要適量補進。

3 關火後不要馬上掀鍋蓋，再燜置約2~3分鐘，掀蓋撒上芹菜末，拌勻就是完美的澆頭。

## 煮婦小語

澆在麵上或飯上都是極具美味又營養方便的家常備料，堪稱最佳常備菜之一。

# 番茄

黑柿番茄

番茄是茄科番茄屬的一種植物。原產於中美洲和南美洲，現作為食用蔬果，已被全球性廣泛種植。

番茄的「番」字源自其外來之義（同「番石榴」等），但亦作草字頭的「蕃」。在中國部分地區又被稱為西紅柿。

番茄的品種眾多。根據美國植物學家 Charles Rick 的分類方法，番茄屬可以分為

牛番茄　　　澄蜜香番茄　　　　　樹番茄

以下九個品種：普通番茄、醋栗番茄、契斯曼尼番茄、小花番茄、克梅留斯基番茄、多毛番茄、智利番茄、秘魯番茄、潘那利番茄。

其中農業栽培主要為普通番茄。 一般種植番茄可分為三種用途：煮食用、鮮食用和加工用。

歐洲人稱其為「愛情蘋果」。

資料參考｜維基百科

# 11/ 作美

一盤美麗的菜肴，口感絕對是有較多層次演出的。
食物的「色」不光只為了好看，
混搭的色彩其實也會顯露出廚藝高下。

　　中國人的基礎好料理，講究的是色、香、味俱全。但是大部分華人家庭的傳統媽媽們似乎都比較忽略了前者，食物的「色」不光只為了好看，混搭的色彩其實也會顯露出廚藝高下。

　　高手媽媽都知道，看似一盤簡單的家常菜若要好吃，鍋裡配搭的食材，絕大部分是分批下鍋，再做最後匯總，每個小細節都會決定口感，或硬、或脆、或軟、或入味否……，所以食物下鍋的時間長短，除了影響口感外，還會因為受溫程度的不同決定菜肴的色澤。

　　因此，一盤美麗的菜肴，口感絕對是有較多層次演出的。一個專業的食物鑑賞家，可以從菜肴的顏色就判定出滋味濃淡，就像有人說法國美食家能從壓扁麵包時發出的聲響，就能揣測出麵包烤成的火候。

　　我喜歡分享做家常菜的過程，但家常菜要能做到讓人驚豔，才是烹飪過程中最困難的部分。中國人的教育系統裡比較沒有美學鑑賞的通才教育，因此審美能力在一般群眾中其實落差很大，這點我一直覺得有點可

惜。美學的養成其實是能冶情的，成語說賞心悅目不就是這個道理？

　　大學時我念的是應用美術，有一門必修課是設計概論，這門課因為採用的課本是英文原文書，對很多外語不強的同學是個障礙，但是那個時候有些專賣進口設計書籍的書商，常帶著一箱箱印刷精美的書目介紹到學校來，單從這些美麗的圖片中，慢慢地，運用色彩的學習與模仿在耳濡目染之下，久而久之竟成為某種設計本能。其實食物的料理方式與用餐氣氛，也是影響食物美味的一個重要環節。

　　菜肴上桌時，還有個角色很重要，那就是盛裝的容器。盛器雖是配角，但對用餐的整體感受影響甚深，竅門其實很簡單，色澤與型式越簡單的盛器，就越能顯露出菜肴的色澤與美味，這就是中國人講的「分寸」——配角不搶主位，整體就越能和諧，配角越花俏，主角就越黯淡，但終歸主副有分，別壞了一盤好菜。

　　番茄炒蛋是我們從小常吃的下飯菜，最平凡卻又最可口，往往越尋常的菜式，越能顯現出烹飪技術，也考驗了食材的品質。這盤平凡卻不簡單的家常菜，對勞苦功高的媽媽們來說是舉手之勞，卻能考出料理人的美學，有空，不妨試試！

# 番茄（西紅柿）什錦炒蛋

番茄富含茄紅素，加上當季蕈菇同煮，營養更甚又別具滋味。

## 備料

- 番茄1~2個（適當大小，但不是當水果吃的小番茄），切塊
- 雞蛋2個，去殼在碗裡打散
- 各式蕈菇，洗淨，若是大朵品種，切適當大小
- 蔥1支，切成蔥花
- 米酒或紹興酒少許
- 醬油少許

## 烹調

1 熱鍋後倒適量油在鍋中，將打好的蛋倒入鍋裡，爐火維持中火，先別急著翻面，讓鍋中攤開的蛋，接觸鍋底的那一面稍微成形後，以鍋鏟或長筷輕輕翻攪，並攪破成形那面，加入少許米酒或紹興酒提味，即可起鍋備用。
2 只要蛋液未沾鍋，鍋具不用再洗，利用殘油倒入切好的番茄塊，稍微拌炒後再加入蕈菇，淋少許醬油後（醬油只是提味不能放多，鹹度最後由鹽補上），蓋上鍋蓋，關小火等候1~2鐘，開鍋撒鹽拌炒。
3 關火，起鍋前放下蔥花稍作攪拌，盛盤！

## 煮婦小語

炒蛋時切記要把握時間，不要讓蛋過熟，最好維持1/3的生度，起鍋前加入幾滴酒，能讓蛋香提至最高處。

# 訪春

綠竹筍的香味很鮮嫩雅致，要留住這韻味，所搭食材不能反客為主，
因此選用了好幾種菌菇同煮，
這春天的滋味，就是賞心的第一步！

　　在台灣，很多時候因為氣候與節氣的分別不是太明顯，所以很多原本
需要四季替換栽種的蔬果，在寶島往往長年都可以採收，只是品種略微有
些區分。

　　小時候，國語課本裡有非常多我們耳熟能詳的二十四孝故事，其中一
則講在三國時代，有一位孝子，姓孟名宗，幼年喪父，母親年紀老邁，患
疾沈重，時逢冬月，風雪交加沒有竹筍，偏偏母親思食筍煮羹湯。他無計
可得，乃往竹林中，抱竹而泣，因孝感動天地，須臾地裂，出筍數莖，持
歸侍奉母親，食畢疾病竟得痊癒。另有詩誦曰：「淚滴朔風寒，蕭蕭竹數
竿，須臾冬筍出，天意報平安。」這個故事總是被長輩在我幼年時，一次
次在飯桌上作機會教育，成為佐餐的陪襯。又因祖母喜食筍，因此眾多故
事中就屬這個我最熟悉，幾乎倒背如流。

　　《維基百科》裡描述筍或竹筍，指幼竹莖稈的幼嫩生長部分，還沒
有完全從地底下長出來時，以及剛剛出土仍未木質化部分，可作為蔬菜

食用。而竹筍營養價值高，為低糖、低脂肪、高膳食纖維的食物，對於幫助消除體內堆積的脂肪與刺激腸胃蠕動、預防便祕很有幫助。據說春季筍生長破土成為竹子的速度非常快，因此竹筍實際可採集的時間很短，屬於較珍貴的食材。

幼年時期家中廚房對筍的做法也總是隨著時令有著諸多變化，但多是偏向江浙風味，從燒肉到放在烤麩中做配菜，或是炒筍片等⋯⋯。直到我嫁作客家媳婦後，才真切嘗到筍更加難忘的滋味。客家民族因為早年刻苦開墾家園，對於珍貴食材有很多醃漬的手法，使其延長保存期限，其中醃筍就是一項絕佳美味，多在過年時用醃筍與肉同滷成一大鍋，永遠以小火保溫在爐上，誰餓了都可以去撈上一碗，配些許白米飯，是點心，也是主食，以便繼續年節期間的家族聚會。

今年台灣冬天特別長且寒冷，一直到清明節前才稍有暖意，母親說在市場買到鮮嫩的綠竹筍，誇讚這當令的筍鮮甜如春天的味道。我向她攬下烹煮的活兒來，詢問老太太的意見，母女間對話起來：「脆炒？煮湯？」

「煮湯吧！」老太太說。

「還想擱些啥？」

「放點肉絲就好，就想吃那筍的香味……」母親如是說。

這些年我致力於身心靈健康的理念推廣，在飲食面上特別推薦食用無毒栽種的蔬果，也因此自己更加用了些心力在保持原味的烹飪技術上，無論火候、配料，都朝維持原味主調，卻又不單調枯燥，以期朝激發出豐富層次而努力。

我說，讓鍋裡的筍還是和原本山上的朋友作伴吧，我來煮個素湯，但保證讓百種鮮美互相提味，相信必然比加上葷物更勝一籌。

獲老太太同意後，我著手準備。綠竹筍香味很鮮嫩雅致，要留住這韻味，所搭食材不能反客為主，因此選用了好幾種菌菇同煮，這碗山中滋味上桌後，竟讓我自己不禁有些感動。

母親送湯入口，並頷首道：「筍與各式菇類同烹，果真鮮甜。」我又在盛盤後摘兩葉盆裡香草放入碗中，順手邀請春天一起入口。上桌前滴入兩滴香油，剛剛適中，這春天的滋味，讓味覺與視覺相互呼應，就是賞心的第一步！

# 百菇筍羹

綠竹筍鮮嫩雅致，選用菌菇同煮，邀請春天一起入口。

## 備料

- 綠竹筍（或其他質地較鮮嫩的品種都可）
- 新鮮香菇或乾香菇（前夜先泡水）
- 杏鮑菇（或各式菌菇類）
- 香菜1小撮
- 木耳適量

## 烹調

1 將筍切片或塊（視個人口感喜好可自己決定，惟切片者要有基礎厚度，口感才好）。

2 鍋裡置水煮開，放入筍稍做川燙（最主要是去掉第一初味，定主味而用，時間不用過長），再度水滾後30秒即可起鍋備用。

3 其他食材洗淨後，依筍的切工選擇其他食材的形狀，分別切片或切成條狀，盛盤後，盤中風景會更加協調。

4 鍋內重新放水，煮滾後先將木耳與乾香菇置入，木耳久煮後會有天然的勾芡效果。乾香菇則可先將湯底香味提起，2分鐘後，陸續放入不同種類的菇菌，按照纖維材質及口感厚薄，來決定先後入鍋順序。

5 菇類都很容易熟，除非口感需求，否則不用久煮，熟軟即可。放入海鹽調味，關火盛盤。

6 上桌前撒上香菜與數滴香油，喜食酸甜者也可加入香醋與些許糖，兩者滋味截然不同，各有風姿。

## 煮婦小語

素食精髓，要把握賣相與入口都應該可以品出優雅，清淡而有味，爽口而不膩，關鍵在於食材的刀工和煮食順序而調配出來的層次。

# 13/
# 賞心

茄子在古代是皇帝必點的長壽菜，做一道醬燒茄子，
除了入口的滋味外，還要想辦法留住那一抹嫣紫的美麗，
好讓菜肴變成一道端上桌的風景。

　　小時候不愛吃茄子。後來發現，似乎所有的孩子都不喜歡口感太過軟爛的食物。但因為幼年時一直與祖輩同住，三代同堂時，家中的飲食向來以老人家的喜好與習慣為主。為了配合爺爺奶奶的牙口，茄子是家裡飯桌上常見的食材，涼拌、素炒最為常見。

　　自己喜歡上茄子入菜，是獨立工作之後，在日式居酒屋裡嘗到的炸時蔬，裹了麵衣後的茄子，像穿了禮服參加宴會的美嬌娘，有了不一樣的口感與視覺，沾著醬汁後入口，茄子從此在心中有了另一種印象。

　　至於真正戀上茄子，則是在北京居住的歲月，街邊小飯館的菜單上幾乎都有那麼一道叫做「地三鮮」的菜肴。馬鈴薯與青椒加上茄子，三種不同口感與香氣卻能相容的農作物，醬燒後的滋味富有多種層次，不膩、爽口，卻又濃香溢口，這組合是台灣人沒有嘗試過的搭配，回台灣後把做法介紹給朋友，幾乎人人讚不絕口。

　　高中時練習水彩繪畫，靜物寫生是很重要的練習方法，一般來說最初

階的靜物擺設，多以各式顏色鮮豔的蔬果為主，茄子的色澤與形體又是比較特別的，常常成為我習作的主角，這是我與茄子的另一段情感上的特別緣分。

根據史籍記載，茄子在古代是皇上必點的長壽菜喔，據傳在隋唐時代，茄子是專供皇帝食用的，因此有「長壽蔬菜」之稱，一般尋常老百姓是吃不到的。據說茄子原產於東南亞或印度，於南北朝時隨佛教傳入中國。茄子含有龍葵鹼，能抑制消化系統腫瘤的增殖，對於防治胃癌有一定效果。此外，茄子還具有清熱止血，消腫止痛的功效。從現代營養學來看，茄子含有維生素E，具有防止出血和抗衰老功能，常吃茄子，可以使血液中的膽固醇水準不至增高，對延緩人體衰老具有積極的意義。

在曾寫過的其他文章裡，我提過好幾次，為家人做菜是我目前很看重的一個生活部分，家人中有我的高堂老母與剛出社會的兒子，這一老一少是我的責任，也是心頭上的珍寶，自己目前的工作與身心靈健康的經營有關，自然從照顧家人做起是理所當然的起點。

冬春相交的台北，經常陰雨不斷，很多葉菜類蔬菜都因為過多的雨水無法正常採收，除了數量減少外，價格也貴得令人咋舌，正在為新稿食材猶豫選擇時，老人家開口說想吃茄子。我在傳統市場裡採買到新鮮又美麗的茄子，喚起我不少兒時與祖父母同住的記憶，我對母親說，我來做盤醬燒肉末茄子給您下飯吧！

每次替學員上品牌課程，都一再強調人的感覺來自於五覺，其中視覺

是很重要的一覺，幾乎影響全局。因此我每回做菜，也學著練習讓自己專注於烹煮時的每一個細節，以期調伏自心。做這一道醬燒茄子，除了入口的滋味外，還要想辦法留住那一抹嫣紫的美麗，好讓菜肴變成一道端上桌的風景，帶給食用者另一種心曠神怡的賞心悅目。

上圖｜小時候的我（右2）與媽媽（右3）、奶奶
　　　（右）合影。
下圖｜童年時的我被父母捧在手掌心，這溫暖的
　　　記憶一直是我心底的養分。

# 醬燒肉末茄子

留住一抹嫣紫的醬燒茄子，成為一道餐桌上的美麗風景。

## 備料

- 長形茄子1條
- 絞肉
- 蒜頭3~4粒
- 青蒜或是九層塔
- 醬油
- 糖

## 烹調

1 將茄子洗淨後切段，再由中間切分為二半，備用。

2 絞肉用少許醬油先醃漬待用。

3 蒜頭去皮後切成丁，青蒜或九層塔洗淨切段。

4 先將清水注入鍋中燒開，將茄子放入水中川燙（勿蓋鍋蓋），切記用帶皮那面
  接觸水面，勿讓茄子與熱空氣接觸，這是維持艷色的關鍵。約40秒即可撈起，
  快速用涼水沖淋後待用。

5 將炒鍋加熱後倒入少許油，放下蒜末與醃過的絞肉快炒，至肉7分熟後倒入些
  許清水，試一下味道，依個人喜好判定是否再多加些醬油，將湯汁煮滾。

6 放入茄子拌炒，收乾湯汁，此時可放少許糖調味，起鍋前撒入九層塔或青蒜，
  稍作翻攪即可起鍋（喜食辣味者，可放些許辣椒）。

# 14 保暖

為家人燒一道栗子雞，撫慰的不光是脾胃，
也是保留了一種讓心安定的溫度。

每次在市場看見剝好殼的栗子，總會添購兩包冰在冷凍庫中，
這樣有溫度的食物，有著全家人很不一樣的生活紀錄保存。

栗堅果又稱為栗子。《本草綱目·果一·栗》寫到：「栗之大者為板
栗，中心扁子為栗楔。稍小者為山栗。山栗之圓而末尖者為錐栗。」在歐
洲、亞洲和美洲，栗子被廣泛應用作為各種吃食。在中世紀時的南歐，它
是居住在森林中的居民主要的食物來源之一。

生在台灣，因為氣候四季如春，溫度普遍暖和，因此早些年栗子極為
少見，物以稀為貴，偶有所食，皆因家中祖母嘴饞，大人從鬧市街上買回
糖炒栗子，分一兩粒給小孩子嘗鮮。認識栗子雞這道菜，則來自婚宴酒
席。早年一些平常家中甚少吃到的山珍海味，多半要趁著「喝喜酒」來嘗
鮮，因此每每有這種機會，大人願意讓我們跟隨，就成為七〇年代孩童們
的最大願望之一。

九〇年代我遠赴北京工作，在街邊發現栗子的蹤跡，曾讓我欣喜若
狂，每逢休假回台，除了上超市帶幾斤糖炒栗子回家孝敬高堂外，還會買
上幾盒真空包裝的禮盒餽贈親友。對我來說，栗子是非常有溫度的禮物，

在冬季的雪天，買上一包剛炒好的栗子邊吃邊逛，伴著自己在雪地裡散步，再重的鄉愁也會暫被擱置一旁。

當地好友總是叮嚀：「挑小的買，甜味和肉質才是上等。」而我這等鄉巴佬卻是一看到大個兒栗子就抵抗不了誘惑，現在想來總對記憶裡這特別的滋味深深不能忘懷。那穿著長棉襖，戴著大呢帽，嘴裡還哈著氣，嚼著剛起鍋的糖炒栗子的樣子，是我想念自己的美好記憶之一。

年歲的消逝帶來的是科技的躍進，縮短了距離，讓天涯若比鄰，也帶來了各種食物保存方式和品種的改良，讓食材開始適應各地環境，進而落地生根。

現在的孩子已經很容易吃到這美味的果實，家中小兒也對它情有獨鍾，所以每次在市場看見剝好殼的栗子，我總會添購兩包冰在冷凍庫中，等著他回家時為他煮食。

這樣有溫度的食物，卻有著全家人很不一樣的生活紀錄保存，對父親而言，栗子是他幼年記憶的喚起；對台籍的母親來說，是老年後女兒的孝心。栗子之於我，是在異鄉行走時最美的印象之一，到了兒子眼中，則是母親全然的疼愛與期盼。為家人上菜，撫慰的不光是脾胃，也是保留了一種讓心安定的溫度。

# 栗子雞

栗子是有溫度的食物，栗子燒雞含藏著我和兒子間的親情。

## 備料

- 生雞肉，切塊
- 薑，切片
- 剝殼生栗子

## 烹調

1 栗子蒸熟後備用（請留下之後與雞同燒至完全鬆軟所需的時間）或是買糖炒栗子回來剝殼也有一樣效果。

2 熱鍋後倒入少許油，放入薑片煏一下，放入雞塊，倒入些許米酒，以大火炒一會兒，加醬油和水，蓋過雞肉塊（如紅燒雞般操作），轉中小火蓋上鍋蓋燜燒。

3 待雞肉全熟後，倒入蒸好的栗子，繼續燜煮（時間要看雞肉質地，土雞耐煮需要長點時間方能入味，一般超市裡買的肉雞較快軟爛），自己把握時間長短，讓栗子的甜味滲入湯汁裡（但又不會爛糊），即可考慮起鍋。起鍋前若湯汁還多，可開大火收一下湯汁。

## 煮婦小語

肉須彈牙或是軟爛視個人喜好而定。喜食稍甜者起鍋前可加一點冰糖。

# 15/ 快煮

快煮的目的，除了保留食材本身的鮮味，讓其盡情揮灑外，
也是保存食物養分，不讓營養流失過多的一個重要步驟。

　　當你在台灣的飯館裡吃飯，拿出菜單大多會在蔬菜那一個欄目，看見一個名為「時蔬」的菜名。「時蔬」是甚麼菜呢？服務生會介紹你當季生產的各式蔬菜，讓客人做出點菜選擇，因此這個菜名裡的食材，總是隨春夏秋冬四季變換而迭有變化。台灣話喚做「著時」，也就是說只要趕上這個時節裡，大地孕育出的山珍與海味，就是最美好的滋味。

　　「快煮」與「慢食」，正是延續這個飲食智慧教導給人類的健康禮物。若能遇到正鮮美的食材，快煮（不需要過度烹調）與慢食（細嚼慢嚥）的概念，是我在推動食德運動中，積極想要分享給大家的一種生活態度。

　　自工業革命後，人類生活節奏進展到一個飛速前進的時代，科學帶來了便利，卻讓人們失掉原本的清淨心，失去只要單純就可以品嘗到的生活芬芳。為了讓味覺迅速品嘗出味道，大部分食物入口的瞬間，被吸引的其實是各種調味醬料對味蕾的過度刺激，進而衍生的飲食欲望。這麼多年來

大夥兒津津樂道的地方菜式，真正區別的其實是烹煮方式，而烹煮過程中影響最大的關鍵，是調味品的調配比例，口味重的，雖立即騙到嘴巴，但多吃幾口，保準露餡兒，也浪費了好食材。難怪全世界的名廚介紹自己的得意作品時，很重要的一項說明，幾乎都是他調味的本意，單純都只為了彰顯食材本身的氣味而已。

快煮的目的，除了保留食材本身鮮味，讓其盡情揮灑外，也是保存食物養分，不讓營養流失過多的一個重要步驟。尤其蔬果中多含有各種維生素，長時間加熱熬煮，會流失掉許多好的養分，最後只逞了口欲之快，不免可惜。

我總是每隔一段時間就會特別早起，上一趟傳統市場，只有在這裡可以遇上剛採摘，還帶著水珠的鮮嫩蔬菜，這樣的相遇，比在超市隔著塑膠包裝袋的會面要有樂趣得多。同時還可以和菜販聊天請益，或由耕種者口中取經，得到一些特色料理烹煮的方式，對我來說這些都是極大的收穫，因為只有他們最懂得那個部位最鮮甜，那一種調理方式不傷本味，也因此真正體會盤中飧的粒粒辛苦。

近年來有很多新食材，是從少數民族生活中被拔擢至開放市場露面，每每上市場遇到即心中大喜，以往這些創新料理都在一些烹飪節目偶被提起，這些天地間造出的至寶能走入人群，真是上蒼給的禮物。

一種名為「櫛瓜」的蔬果，我自己的處女首吃，也是在今年年初好朋友送來南部農村朋友送的禮物，未料從此戀上。另一多角作物稱為「翼

豆」，菜攤老闆娘笑著對我說，它是長翅膀的豆子，這帶著趣味的表述詮釋，馬上吸引我買回嘗鮮。經查詢資料發現，這原本是台灣原住民阿美族常吃的一種山裡長的野菜，查過資料才發現它比黃豆還營養，也不怕蟲吃，於是開始有農民大量培植。

有福氣遇到好食材，怎能不感恩？向來覺得「食當季」與「食當地」就是敬天地恩典最好的迴向。今日就讓我們用櫛瓜和翼豆來快煮一餐吧！

# 三色鮮

美味又健康的食物是給自己與家人帶來的幸福準備！

## 備料

- 櫛瓜2條，切片
  （請找到自己喜歡的厚薄口感）
- 翼豆3支
- 小管1條
- 雞蛋1個

## 烹調

1 翼豆洗淨後，拉掉表皮邊上的粗纖維，切段。
2 雞蛋破殼後，倒入碗裡，將蛋白與蛋黃打勻。
3 熱鍋後放入少許油，轉中小火，將切片的櫛瓜在平底鍋中擺放好，依熟成度翻面，待瓜雙面6分熟後，倒入打好的蛋（覆蓋過瓜片），等蛋在鍋中有凝固狀，撒下海鹽調味並翻動，等蛋稍微有點微焦，並泛出香氣後即可盛盤。
4 在煎櫛瓜的同時，另一口爐火可以燒一鍋清水，水滾後倒入切好的翼豆，燙煮後約30秒，取出置於碗中，加入1茶匙橄欖油與少許鹽和胡椒粉拌勻，即可食用。
5 將已經熟成的小卷再以滾水澆淋後，去除表皮薄膜，並清理掉腹中穢物後，切段淋上醬油即可擺盤食用。

# 16/慢食

細嚼慢嚥可以幫身體產生一種延緩老化的腮腺荷爾蒙，使人青春常駐。
好食物 + 好習慣，健康人生也就是快樂人生延續的要訣。

　　雖然農民曆上的節氣已經過了立冬，但是大地環境受多重因素影響，節氣似乎有些紊亂，今年台灣秋意略顯，隨即又面臨秋老虎的酷熱，在我國傳統節氣中此時屬燥令之季，天氣也慢慢偏向乾燥，濕氣減少。而燥氣不利肺氣運行，不但會讓水分蒸發得快，呼吸道、皮膚、腸胃機能也都要特別注意。

　　人類呱呱落地哭第一聲開始，長輩們常憑著音量大小，論斷這小小人兒的身體健康情況，宏亮些的自然獲得讚賞，悶聲細小的總會換來一些擔心，當奶娃脫離哺乳期後，如何加餐飯，讓寶貝們成為頭好壯壯的健康兒童，也是最引起家人關心，並需要立即執行的第一要事。

　　先前談過，快煮的目的除了保留食材本身鮮味，讓其盡情揮灑外，也是保存食物養分不流失過多很重要的一個步驟。而充分的咀嚼，則是提升食物吸收率最重要的手段。據說細嚼慢嚥還可以幫身體產生一種延緩老化的腮腺荷爾蒙，使人青春常駐。因此，「慢食」變成大家應該養成且很重

要的一種飲食習慣。好食物 ＋ 好習慣，健康人生也就是快樂人生延續的要訣。

中國人，尤其南方人，在季節交替時，十分重視湯水保養，這個時節用藕煲湯是很好的選擇。

蓮，原產於印度，但很早就傳入中國，從史籍資料上得知在南北朝時代，種植蓮藕就相當普遍。中國南方蘇州、杭州一帶，不只將蓮藕入菜、做點心，也將它當做水果生食，對這粉脆清甜的白蓮藕，杭州人稱之為「西施臂」，形容它的白嫩如同越國美女西施的手臂。

以中醫觀點來看，生藕、熟藕各具有不同功效。生藕性味甘寒，可清熱生津、涼血止血、散瘀，適用於口乾舌燥及火氣大的人；蓮藕煮熟後，性由寒轉溫，有健脾養胃、補氣養血、止瀉的效果，適合胃腸虛弱、消化不良的人食用。清朝另一本食譜書

《隨息居飲食譜》中提到：「老藕搗浸澄粉，為產後、病後、衰老、虛勞妙品。」

《本草綱目》更稱蓮藕為「靈根」。這水生植物，從花葉到根莖，能製茶、製藥，子能食，幾乎無一處不能提供貢獻，真是上蒼賜予的珍寶。

台灣人早期生活清苦，記憶中小時候，尋常人家平時不容易吃到藕及蓮子，家裡每每烹煮，也多是為家中老人滋補調理所用。當時煮碗蓮子羹，配上白木耳、紅棗，再放些冰糖，小兒們嘴饞，老人家疼孫子，餵上一湯勺，都夠我們回味半晌。

雖然很多名廚會對一種食材研發出許多不同的料理祕訣，但是我們若自己在家烹煮，建議還是維持簡單原味調理，最能符合家人健康這個大原則。原味的精華所在，則仰賴新鮮的食材與烹調步驟的精準搭配，將大自然的芬芳提升到至高處，成為百吃不厭的口味。因此如何選擇搭配食材也是門學問，我們很熟悉的搭配法是用排骨燉蓮藕，為了增加它的滋味與入口的層次，我選擇回歸運用上天原始創作，直接用蓮子以及同是水生的菱角來做搭配。

順道提醒，藕的挑選有個訣竅：粗大的，燉煮時的時間需要長些，口感才會綿密鬆軟。藕節較細的，則烹煮時間可以短些，口感清脆些。全憑個人喜好。快煮加上慢食，在邁進歲末時分，犒賞自己，好好滋養一番，為了下個年度的努力，儲備些好的能量吧！

# 靈根滋養湯（排骨燉蓮藕）

季節交替時節，用藕煲湯，快煮慢食，是犒賞自己和家人的最好方式。

## 備料

- 蓮藕數節，洗淨後，削皮後切塊
- 去殼菱角適量
- 蓮子適量
- 蔥2支
- 薑2~3片
- 排骨適量

## 烹調

1 燒一鍋水，水滾後將排骨倒入，先以大火滾1~2分鐘後，將第一道水全數倒掉，並稍稍沖洗已燙熟的排骨。

2 鍋中重新注入清水，開火煮開，放下燙去血水的排骨及蔥段和薑片，關中火煮10分鐘。

3 加入藕塊（若蓮子是選用乾貨，在此可以一起置入），再煮10分鐘。

4 最後加入新鮮蓮子後續煮，水滾3分鐘後加鹽，視個人喜好調味。藕湯清甜，為維持這美味，建議鹽的用量可比平日分量稍少，以免蓋過主味。

## 煮婦小語

**關於藕：**若挑選鬆軟肥大藕段的，厚度可以比清脆者稍多加些，食用時口感會更不同，若能有耐心將表皮土泥洗淨，削下的皮與連接的藕節處都可以一起下鍋，因為極具養分，雖然湯色會因此較深，但滋味更佳，吃時再捨去即可。

**關於菱角：**切記這只是配料，分量莫要多於藕塊。

**關於蓮子：**若能夠得新鮮的最佳，乾燥次之。

**關於排骨：**喜肉食者可選購小肉排，其餘一般帶骨都可。

**關於品嘗：**因為主食材滋味芬芳清甜，起鍋後不妨稍加擺放，只要維持8分熱再入口品嘗。湯水入口以湯匙輕送，更利於吸收。希望大家用餐愉快！

# 菱角

原生於歐洲與亞洲，是一年生草本的浮葉性水生植物，一般栽種於溫帶氣候的濕泥地中。在中國南方，稻田在第一期收割後，經常會栽種菱角幼苗，並在水田中放入泥鰍一起飼養。一株幼苗大約可結八十朵花，而每朵花經常會結出八到十二個果實，也就是可食用的菱角。

中國人食用菱角的歷史相當悠久，在周朝時，它就是祭祀典禮上的重要食品。菱角在中醫典籍中稱之為「芰實」，因其味嘗起來與栗子類似，也稱做「水栗子」，成熟時的暗紅色，又名「紅菱」。

在中醫上，菱角屬涼性食物，可以幫助胃腸消毒解熱。一般菱角都是剝殼出售，台式料理多用於煮湯，目前一般帶殼蒸熟，也作一般零食點心食用。

認識大地的寶藏

## 蓮子

蓮子是荷花的種子，鮮貨可作小吃。蓮子性平、味甘澀，有補脾止瀉，清心養神益腎的作用。

蓮子在台灣多習慣熟食，在中國大陸地區，遇到產季，街邊常有攤販兜售整個蓮蓬，讓人當作零食水果，剝開即能食用。用蓮子入菜，甜鹹菜式皆宜。

認識大地的寶藏

## 蓮藕

藕，是蓮科蓮屬多年生草本出水植物蓮的地下莖。微甜而脆，可生食也可做菜。蓮藕原產於印度，在南北朝時代，蓮藕的種植就已相當普遍。中國各省關於以蓮藕為主食材的菜式不勝枚舉，蒸煮炒炸入口都有巧妙，一般人家平日多以素炒或是煲湯為主，遇上年節做糯米甜藕或酥炸藕匣（中間夾肉），道道都是美味。

資料參考｜維基百科

# 17/
# 彩虹

*每個顏色的胡蘿蔔都是一個不同的品種。*
*之所以會形成彩虹般收成，是農人的巧思和用心，*
*每個色彩各含有不同成分，集結後就是均衡的養分。*

　　台灣近年有很多新的農業政策，希望能提升農村的耕作人口年齡，之前農村人口老年化是世界很多農業區的普遍現象，因為很多年輕人都離鄉到城市去工作，一則因為務農工作需要很大的體力活兒來落實，社會的進步讓大家對工作的價值觀評斷有了很大的轉變。二則商業時代，大家對企業發展的期望與欲望都已經和農業時代不同。

　　直到近年來，台灣農業開始著重有機或是無毒種植，並有很多輔助計畫鼓勵青年回鄉承接家中衣缽，新的農業技術加上新的觀念，返璞歸真讓傳統農作回歸到亙古早期的自然農法，也讓我一直主張的飲食觀念，有更多志同道合的夥伴加入，進而一起努力。

　　我有一群「青農」朋友散播在台灣各地（所謂的青農是指四十五歲以下的農民朋友，再加上無毒種植的新觀念，摒棄傳統農作的高化肥施作與農藥噴灑），所以我們常常可以獲得各式新鮮蔬果，除了本身的養分外，更重要的是能安心食用。這些無農藥殘留的大地寶物，提升了我們的美好

生活。

　　幾天前，台北近郊的青農朋友為我送來一些特殊品種的胡蘿蔔，多彩的顏色像彩虹，彩虹猶如夢想，遂決定把這些台灣年輕農夫努力追夢的創意與毅力，好好說個故事，在自己的文章裡做分享。

　　故事主人翁「庭少」是位青年農夫，農場坐落於台灣新北市金山區，農場命名為「寧靜海香草園」，耕種年齡已有四年多，早期為圓一個夢而進入了農業，也因為如此接觸了迷人的香草！目前園子裏以香草為主，部分種植蔬菜。當初種鮮蔬的緣由，是希望自己可以吃到天生天養的蔬菜，也希望分享給周邊的好友們，進而多種了些蔬菜，目前產量並不多，主要以少量精緻的農產品為主。

　　送這份禮物來的，則是我平時輔導品牌教授的另一位農民朋友，他在台北近郊山上有著自己的茶莊，平時有些特色餐飲經營，每每有新食材，他們夫妻總是先想到我。為了不辜負大家的美意，自己用不同的烹飪方式做了幾道吃食，其中涼拌和燉湯的滋味最為首選，也希望能達到色香味俱全的境界，不枉費與這好食材相遇的緣分。

　　據資料來源了解，每個顏色的胡蘿蔔都是一個不同的品種，雖屬同科，但種子各不相同，原產地在日本。而之所以會形成彩虹般收成，則是農人的巧思和用心，每個色彩各含有不同成分，集結後就是均衡的養分。

　　對我來說，這些無毒栽種的農產品是千金換不來的珍寶，能成熟結果，更是歷經許多艱辛的過程，除了看天吃飯的自然生息外，鳥與蟲的共

存，更是對萬物平等的尊重聲明，這都是除了農業技術外，還要並存的心靈領悟與工作態度。

當這些可愛的青年，把這把美麗的胡蘿蔔交到我的手上時，我是感動異常的。先拍了照片放上臉書，一個自然農作法孕育出的好食材，獲得眾多朋友的讚賞與稱奇，那天地間融合的甘甜更不在話下。感謝辛苦為我們日常飲食付出努力的農民朋友，同時把今天這如彩虹般的美麗上菜，分享給所有朋友。

彩色的胡蘿蔔讓我看到春天真的來了！

# 彩色蘿蔔燉排骨

用多彩的蘿蔔燉排骨，像為餐桌端上一抹春天的雨後彩虹。

## 備料

- 各式蘿蔔
- 傳統白蘿蔔
- 燉湯肉骨
- 薑少許
- 香菜少許

## 烹調

1 傳統白蘿蔔去皮切塊；彩色胡蘿蔔將外皮洗淨切塊，薑切片（2~3片）備用。

2 將肉骨先用沸水燙煮，瀝去浮渣後，備用。

3 準備一個有內外鍋的傳統電鍋。外鍋放1杯半清水，將食材全數放入後，內鍋加水蓋過食材。

4 蓋上鍋蓋，壓下開關，等待開關自然跳起後，保溫再燜半小時拔去插頭。開鍋蓋，起鍋後盛碗，放少許海鹽與香菜後上桌。

# 18/
# 春暉

我們在山野裡看到的萱草花，只能開一日即謝，
每天都開出不同的花，就好像母親對我們的愛一樣，源源不絕帶來溫暖。

　　五月因為有母親節，花市裡應景的康乃馨早早就上市，但是中國人談
的母親花「萱草」（金針），也提前在菜市場露臉了。

　　為甚麼萱草會成為中國的母親之花呢？

　　唐朝孟郊《遊子詩》寫道：「萱草生堂階，遊子行天涯；慈母倚堂
門，不見萱草花。」過往文人們也常以萱草詠吟母親的題材，因此萱草在
中國就成為象徵母親的花。

　　萱草是萱草科植物，舊的克朗奎斯特植物分類法中屬於百合科。別名
眾多，有忘憂草、黃花菜、金針菜、宜男草、療愁、鹿箭等名。大家看到
的盤裡黃花菜其實都是含苞的，也就是在花開之前就摘下，它的拉丁文的
屬名來自希臘文，他們稱它「一日之美」，因為我們在山野裡看到的萱草
花，其實每天都不一樣，單一花朵只能開一日即謝，每天都開出不同的
花。就好像母親對我們的愛一樣，源源不絕帶來溫暖。

　　台灣東部萱草的盛產期原應在七至九月，現在很多地方都有種植，大

家的印象已不只是以前做成乾貨的黃花菜了。以往在台灣的外省家庭，多是以乾燥過的金針入菜，少有新鮮花朵能食。乾燥過了的金針有特別的氣味，那是乾貨獨特的風華，是把陽光的味道鎖在金黃花朵裡的絕妙呈現。

黃花菜大多放在湯裡煮食，或是入菜到每年除夕夜要吃的什錦菜裡，在這十樣代表十全十美的食材中，金黃色的金針，總是起到為菜潤色的帶頭作用。

新鮮的金針，帶有草原的氣味，那種青草的芬芳在很多草本植物身上都有沾染，因此入菜時，大多會先經過川燙手續，去掉那獨特的青味，但卻又要保存鮮嫩時蔬的鮮甜，這是很重要的烹飪程序。

金針富纖維質，這樣的口感要找到匹配的食材，著實需要一些功夫，我是個貪心的廚娘，希望好吃又好看，盼望上桌的是一盤好風景，能夠獻給家人。

從小到大，母親為我們做了上百上千頓飯菜，您開始為媽媽做飯了嗎？獻上您的感恩，廚藝純不純熟都沒關係，用心動手做吧！

# 四季時蔬炒

金針配秋葵和白菜心，非常素雅的一道素菜，更是一盤好風景。

## 備料

- 新鮮萱草花（金針），洗淨
- 秋葵，橫面切片（要有些厚度）
- 白菜心，洗淨後切段
- 薄鹽海苔片，用手剝小片

## 烹調

1. 小鍋煮水，滾開後將金針花下鍋，30秒後撈起沖冷水備用。（這動作除了維持口感外，中醫理論都建議煮食新鮮萱草不可省略。）
2. 熱炒鍋後放油，先將白菜心放入，加少許水，大火快炒少許時間，加入切好的秋葵拌炒，關小火蓋上鍋蓋燜15秒鐘（要注意鍋內水分）。
3. 開鍋蓋，將萱草從冷水中取出放入，關火，放上些許海鹽與幾滴香油稍作攪拌。
4. 起鍋，盛盤，撒上海苔小碎片，上桌！

# 金針花

## 認識大地的寶藏

古稱為萱草、忘憂草，也是中國俗稱的「母親花」。

金針花又稱「一日美人」，早上開、晚上凋萎。金針花在開花期會長出細長綠色的開花枝，花色橙黃、花柄很長，成為像百合花一樣的筒狀。由於金針一旦花開就失去採收價值，農民們總趕在花開之前就全部採收。金針的地下莖有微毒，不可直接食用。

《神農本草經》民國復古輯本：萱草，一名忘憂，一名宜男，一名歧女。味甘，平，無毒。主安五臟，利心志，令心好歡樂無憂，輕身，明目。

《本草綱目》上記載：味甘而氣微涼，卻濕利水，除熱通淋，可止渴消煩，除憂鬱寬胸膈，令人心平氣和。

早期市面上多以乾燥過的金針入菜，有特殊香氣，近年來因為台灣部分地區大量種植，逢產季時，市場都可以買到新鮮的金針花，即使素炒也有芬芳氣味，爽口宜人。

資料參考｜維基百科

# 19/ 太極

好菜不見得非要得由昂貴食材組成，
最終能讓繁華的各種元素，相容成一個總體的味道，
依靠的密技，其實就是協調的功力。

很難在中國菜中找到完全單一的味道，因為中式料理講究五味調和，有時精采的不光是滋味，須連口感層次都有恰到好處的安排。若說免稅店裡昂貴的法國香水，是上天留給鼻子完美的禮物。中國菜就絕對是替人類舌尖打造的甘露滋味。

中國菜的豐富，由落在舌頭不同位置的味道相互碰撞而生，像看一場精采的煙火表演，由小火星升空，至漫天的煙花璀璨奪目，再到空氣中只剩下火藥的味道，人們腦中那道光亮卻仍久住不散。好菜不見得非要得由昂貴食材組成。從入口的氣味，到與齒牙相交的軟硬鬆脆口感，在在影響人們對一道菜的記憶印象。最終能讓繁華的各種元素相容成一個總體的味道，依靠的密技，其實就是協調的功力。

中國人的做人藝術也是一樣。長輩常說的「分寸」與「得體」呈現了中國人性格裡的面面俱到，其中總是有著由博大精深文化支撐而孕育出的精髓。協調與調和，成為華人社會中很重要能繼續繁衍下去的步伐。

我的祖父因戰亂，跨海舉家遷至寶島台灣，但因為在大陸時的工作已經身居要職，聽父親提起他幼年時期的生活起居，總有許多人服侍著，所以長輩們對家中的飲食多有要求，不光色香味要俱全，刀工也頗為講究，因為每個蔬菜的切口大小粗細，都會影響入口時的口感與滋味，甚至會影響餐桌上的禮儀規矩。所以早期負責廚房的雜工，每天很重要的一個工作是理菜，它蓋括了洗菜與摘菜，這兩項工作做到位，後面接手的人才好往更精細的廚房活兒下功夫。

　　今天做的這道菜，我取作「絲絲入扣」，它的調配邏輯和每年過年不可少的什錦菜有異曲同工之妙。在飯桌上可能難為主菜，卻是爽口難棄的菜肴。打過太極拳的朋友都知道，太極拳用的是巧勁非蠻力，用得好，那力道是直入心窩的刻骨。

　　中國各項功夫背後花的心力，往往有個了不起的故事，我從四十歲起對西式飯菜開始興趣缺缺，我想也跟聽到祖輩的故事越來越多有很直接的關係，那是一種對自身文化的著迷。

# 絲絲入扣

在咀嚼間嘗遍軟、嫩、彈、脆的口感，帶出天地珍寶的美味。

## 備料

- 芹菜1把，切段
- 豆干4~5片，從橫面切薄片呈條狀
- 肉絲（分量依個人喜好增減）
- 金針菇1小把，切成兩段
- 黑木耳數朵，切絲
- 香菜少許，切末
- 辣椒1支，切末
- 沙茶醬適量
- 醬油適量

## 烹調

1 肉絲先放沙茶醬與少許醬油拌勻後，醃10分鐘備用。

2 熱鍋後放油，先將肉絲倒入炒至6分熟，加入豆乾絲與辣椒末，拌炒至肉8分熟，盛起備用。（若鍋內太乾可以灑些許水）

3 鍋具清洗乾淨後，重新放少許油，依序將備用料放入：木耳、芹菜先炒至芹菜香味散發後，加入6分熟的肉絲拌炒，起鍋前放下金針菇和香菜末，即可關火，稍作拌炒，蓋上鍋蓋燜30秒後可以起鍋。

## 煮婦小語

這道菜放涼後置於冰箱，用餐時再取出，風味更佳！

# 養分

小小一個四方空間，
有飯，有肉又有菜，
便當，其實是一個對在外工作者的完整照顧。

　　便當，台灣少年從求學開始，就已經將之視為某種生活上的重要伴侶，直到部分學校開始了營養午餐政策，才延遲了大家與它親近的時間。很多人以為「便當」是日本語，其實查詢過資料後才發現，「便當」一詞最早源於南宋時期，這個通俗用語原來的意思是「便利的東西、方便、順利」。傳入日本後，曾以「便道」、「辨道」、「辨當」這樣的用字方式來運用。「便當」一詞後來再反傳入中國，是源於日語的「弁当」（新字體：弁当，舊字體：辨當）。其實就是大陸內地說的「盒飯」，兩者是同一樣東西。

　　這幾年大家食用便當的機率越來越普遍，其實有很多不同因素的影響，除了便利外，也因為都市上班族的消費指數越來越高，基於開支管理與食品安全等因素，許多小資上班族，若是與家人同住，只要前一天家中開伙，順便預留一些飯菜的分量做為便當，不但輕鬆節省了外食的額外支出，在食用安全方面也比較無慮。

小小一個四方空間，有飯，有肉又有菜，其實是一個對在外工作者的完整照顧。聽老人家說起，以前農業社會，每天需要有大量的勞動工作要完成，所以每天清早就需要飽食，出外後所攜帶的盒飯，也需要有充足的澱粉與鹽分，才能讓工作時汗如雨下的勞動者有足夠的能量補充。所以可見這四方空間，因時、因地、因人而異，要盡善盡美，學問其實不小。

　　當科技越文明，交通工具越進步，四海一家與地球村的概念就越成型，所以大家在旅行形式上，也逐漸從參與觀光團，進而衍生成為小眾或個體旅遊，自由自助的旅行形式開始發達，讓很多地方特色吃食，開始為旅人準備了獨特的盒飯呈現形式。

　　身為職業婦女的我，和現代普遍的雙薪家庭一樣，要兼顧工作與家事。前幾年我出差的機率還很高，當時兒子正在上大學，習慣日常在家中飲食的他，每當我有短暫需要離家工作的日子，總央求我做幾個便當放在冰箱，讓他下課回家飢腸轆轆時，只要拿出一個，放在微波爐加熱兩分鐘就能食用。

　　他常笑著說，當冰箱裡的便當食盡，就是媽媽要回家的時候了。

　　父親離世之後，我開始接手母親的生活日常照料，因此上班前為母親做飯，也成為我很重要的工作之一，藉此順帶也為自己準備一個盒飯。工作夥伴中，有一位是自小在韓國長大的華僑，為了回台灣完成華人基礎教育，因此年少時就離家渡海來台，她總說自己雖然獨立，卻還是嚮往家的溫暖，我遂自告奮勇順手為她也一起準備中餐，於是辦公室裡掀起了盒飯

熱潮,有人搬來了微波爐,放在茶水間,我請與家人同住的同事自行準備,然後大家中午一起在有陽光的窗邊用餐,吃飽後還有時間可以休息片刻,皆大歡喜。

需要再加熱的「盒飯」,挑選的菜式最需要注意的是蔬菜類,基本上葉菜類蔬菜比較不適合,最好避免,因為加熱後會變黃或變苦,無論色相或滋味都不好。但是豆莢類或瓜果類,都是加熱後也很美味的食材選擇,基本上雖是便當,我仍希望色香味俱足,因此一葷、二素是基礎搭配,另外留個空間做葷素混炒的調配。

我常說如果熱炒端上桌的菜肴是10分,那麼裝入飯盒中的食物烹煮,只能做到8.5分,留個空間給加熱時再補滿,才是圓滿。這個簡單的領悟竟也是人生的智慧。希望以愛為名,大家都來帶愛心盒飯吧!

# 動手做盒飯

裝入飯盒中的食物,記得留個空間給加熱時再補滿,才是圓滿。

## 食材及製作挑選要訣

1 紅燒類的菜式,加熱後更美味,是盒飯烹調主菜首選。葷菜各式肉類都合適,
  唯有海鮮可能比較有變味可能。素菜可以根莖類作物為主。
2 葷素混炒的菜式,蔬菜可以揀選如同芹菜或瓜果這一類不易變色的食材為主。
3 海鮮類食材,除了蝦仁可與其他食材混炒滋味不變外,其他帶殼類海鮮建議剔
  除,因為再加熱容易有異味。
4 魚類盡量以乾煎或蔥燒為主。
5 豆腐類食材因為加熱不變味是盒飯的好選擇。
6 另外有些加熱才能讓養分加倍的食材,如番茄,都是做盒飯可以優先選擇的。
7 若是麵食類食物(炒麵,炒餅等),記得製作完成放冷後,再放入飯盒攜帶,
  可避免吸入過多水氣,使口感過於糊爛。

# 21/
# 好食

*與其說是我愛上烹飪，倒不如說我戀上的是它的過程，*
*慢火細燉帶出的美味，一向是我最自豪與最心醉的手法，*
*因為令人難忘的滋味來自於「全心」對待。*

　　一直對「廚娘」二字特別鍾愛，它幾乎和溫暖的心與笑容畫上等號。尤其在心靈疲憊的旅人身上，廚娘總是給予最真實的撫慰。

　　真正開始愛上烹調，是在北京獨居的日子。在異鄉天寒地凍的日子裡，工作除外的休息日，窗外零度以下的氣溫像把鎖，讓人自願掛上門閂。我有一個器具齊備的小廚房，還有設在封閉式陽台上的美麗餐桌，促使我開始向遠在台灣的母親討教，以電話教學的方式，母親指導我做每一種我想品嘗到的家鄉味道。而後我和市場裡幾乎所有帶著笑容的菜販、肉販、海鮮攤都成為朋友，我是他們的客戶，他們則成了我的老師。

　　所有學習的菜肴，最後都在實際執行後，變成自己喜好的口味——加加減減而成味道終結的報告。而我的報告分數，就是邀請我在北京交上的好朋友們，到家裡品嘗打分。座上賓有幾位還是生意上極重要的客戶（也是我很欣賞的朋友），家中的小廚房和陽台上閃亮的小餐桌（我掛了小閃燈，讓它們在晚間可以如繁星閃耀），有幾個重要的結盟好友，與形成莫

逆的友誼，都是在這樣的機緣下造就的。

　　與其說是我愛上烹飪，倒不如說我戀上的是它的過程，慢火細燉帶出的美味，一向是我最自豪與最心醉的手法，因為令人難忘的滋味來自於「全心」對待，那是一種「無價」的珍貴奉獻。從菜單的準備、採買、清洗、切整、炒、燒、燉……擺盤、上桌。

　　直至上桌，每一個步驟都有我享受參與的地方。入口的滋味像女孩真正的性格與內涵，菜式色澤與擺盤和盛物挑選，則像女孩出門前的著裝與略施脂粉的心意。這些都很重要，雖說前者為主，後者為輔，但沒有後者的笑容相向，那來前者的親近？始終相信好的廚娘，無論在廚房或是雲端，在生活中或是心靈上，都必能端出盤盤好菜。

　　自從我開始推廣食德教育，意外與廣大農友結緣，冰箱裡的食材大多只有一小部分是自購，多數都是我收到的禮物，這些情義來自全台四面八方的朋友餽贈。我的家庭人口少，三代共三人，所以大部分工作時，只要時間體力許可，中午的工作餐我會親自操辦。通常一段時間，我就會清一次冰箱，將有些使用了一半或是即將過賞味期的食材，做為設計創意料理的元素，這是我喜歡的功課與工作。

　　今天因為冰箱裡有剩飯，有已經解凍的絞肉半盒，又有使用了大半盒剩下的兩枚雞蛋，我另外買了一顆綠花椰菜和洋菇。想做一個有秋天味道的工作餐。

　　秋天是美麗的季節，也是大地由綠轉成橙黃色系的金色季節。一道炒飯＋洋菇濃湯，是我心底秋天的風景。

　　自己煮食真的能帶來心靈的另一種養分。

# 綠花椰菜洋菇蛋炒飯

一道炒飯＋洋菇濃湯，是我心底秋天的風景。

備料

- 米飯
- 絞肉，用少許醬油先醃抓備用
- 雞蛋，在碗中打勻
- 綠花椰菜，切成小朵，以一小口為基準
- 洋菇，切片（不要太薄，約3mm適中）

- 蒜頭，切片
- 黑胡椒粗粒

（以上所有分量請依食用人數
自由增減）

## 烹調

1 先從冰箱取出隔夜米飯備用，若有結塊，請放入塑膠袋中，輕搓揉散。

2 燒一鍋開水，水裡加少許鹽巴，把綠花椰菜燙熟，取出備用。

3 熱鍋放油，將蛋汁放入（蛋汁在打勻前可先放少許水，如此可讓炒蛋滑嫩），炒蛋是學問，要有耐性就能有好口感，蛋汁入鍋後請轉中火，先勿翻動，待接觸鍋面那一面熟後以筷子輕翻攪，約6分熟即可先盛出備用。

4 炒鍋洗淨後，重新熱鍋放油，用中火放入蒜片爆香，倒入絞肉，翻炒至肉8分熟後倒入米飯拌炒，至米飯均勻受熱後，放入洋菇，然後用手沾水後灑入鍋中，待蒸氣起來，用筷子稍作攪拌，關小火，蓋鍋蓋燜煮。

5 約40秒後，見洋菇變色即可開鍋蓋，保持小火，放入半熟炒蛋，以筷子翻炒一遍，關火。

6 放入已燙熟的綠花椰菜，撒上海鹽以及黑胡椒粗粒拌勻，起鍋。

## 煮婦小語

好吃的炒飯最好能用之前已煮好的白飯，如果在冰箱擺放過的更佳，也就是俗稱的隔夜飯。

# 洋菇濃湯

## 備料

- 洋菇，切片
- 牛奶
- 馬鈴薯，切丁
- 麵條，切成小段
- 綠花椰菜數朵，切成碎末

## 烹調

1 將水煮滾後，倒入鮮奶（水量多寡與牛奶比例影響湯的濃淡，請依個人喜好調整）。
2 將切丁的馬鈴薯與麵條倒入，用小火燜煮至糊爛程度（幾乎是化在湯裡）。
3 放入洋菇切片，開中火，見洋菇熟後關火。
4 放入鹽調味攪勻，撒上綠花椰菜末與胡椒粉，一滾就可以起鍋。

## 煮婦小語

若是買盒裝洋菇，可以部分炒飯，部分留著做濃湯。

# 22／上心

食物中有愛，不只能讓人吃飽，還能撫慰疲憊的身心。
對我來說，為家人下廚就是一種真心實意的關愛。

　　如果想要每天變著花樣做出新鮮料理，有時不得不來點腦筋急轉彎，
在廚房裡和食材玩耍動些新點子，尤其人口少的家庭，買菜時總會在一週
結尾時分，發現有些剩料存於冰箱，丟棄是我最不願意走的路，所以週末
都有個功課，就是清光冰箱裡上一週的剩菜，好讓一切重新開始。

　　這週冰箱裡有幾顆番茄再不吃要熟透了，再取出剩下的半盒雞蛋豆腐與
絞肉備用。我想用西紅柿做湯底吧！現代研究指出，番茄內含有抗氧化物番茄
紅素，能有效預防前列腺癌以及抵抗皮膚被紫外線曬傷，加熱烹煮後的番茄，
會釋出更多茄紅素。一些研究人員還從番茄中提煉出物質治療高血壓。

　　天氣涼了，為了好吃，我們常用肉骨做湯底，往往吃入過多油脂，偶爾
換個口味也能減輕身體負擔。我把豆腐和絞肉做成了豆腐丸子放入湯中，入口
時像走在秋天的草原上，涼風徐徐，空氣中有自然芬多精發出的香味喔。

　　在網路上有朋友問我從事甚麼樣的工作？我學設計出身，所謂設計，
我常認為不單指美術，設計其實就是解決生活中一些問題，讓它變得更美

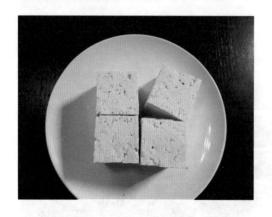

好。現代人講求身心平衡，所以我對於食物的運用，希望盡量能照顧自己和想服務的家人，不只是嘴裡的味覺，眼裡和心裡的一起綜合，那才會有愛的味道與溫暖。食物中有愛，除了能讓人吃飽，還能撫慰疲憊的身心，這種能量正是我想帶給周遭人的祝福與感謝！

　　我的奶奶燒得一手好菜，當年她手上的一些絕活兒都傳給了母親，我一直以為母親是引以為傲的，當年奶奶過世時我才十歲，但她在廚房裡大顯身手的架式，幾十年來從未自我的記憶中消失。

　　奶奶過世後，就由母親擔任家中主廚的角色，這位本省女兒因此做得一手外省好菜。直到我在異地生活時，每每隔海用電話向她求教，請她教授家傳美食，這時才意外發現她的辛苦。因為她拒絕傳授給我，主因是她始終認為，苦命的女人才會一輩子待在廚房裡。她老是說希望我在工作專業上放手飛翔，不要花太多時間在家事料理上，這是她將一生的委屈，化作心疼女兒的心情，我總笑著對她說：「我學會了，好伺候您呀！」

　　其實對我來說，為家人下廚就是一種真心實意的關愛。

# 紅白爭鮮水上漂（豆腐丸子西紅柿湯）

微帶酸味的湯底很開胃，豆腐丸子滑嫩入口，少少絞肉提了湯頭鮮美。

## 備料

- 豆腐1盒或是半盒
- 絞肉200克左右
- 番茄（西紅柿）數個
- 新鮮菌菇數朵
- 香菜或蔥花
- 芹菜末
- 太白粉、鹽適量

## 烹調

1 鍋中注入乾淨的清水煮沸，放入已經切塊的番茄，轉小火熬煮。

2 將豆腐與絞肉放入一只較大的碗中，加入少許太白粉（約兩茶匙即可）和鹽，將手洗淨或是戴上廚房料理用手套，將豆腐和絞肉全部用手搗碎和勻，備用。

3 將番茄湯頭的火轉為中火，打開鍋蓋，將拌勻的豆腐絞肉餡，依自己喜好捏成丸子（訣竅是餡料放入手中時，在左右手掌中來回拋甩，即可增加黏度定形，不會散開）。

4 將丸子陸續慢慢放入湯中（火不可大滾，小滾即可），放入菌菇同煮。

5 丸子熟了會浮上湯面，湯裡只需加適量鹽巴調味，起鍋前放入香菜或芹菜末，滴幾滴麻油，香味四起。

## 煮婦小語

豆腐和絞肉的分量可依喜好調整，一般超市賣的盒裝豆腐，超嫩豆腐除外，其他盒裝豆腐均可使用，絞肉的分量則搭配豆腐1盒為比例，同理加減。

# 23/轉身

食材像是京劇裡的戲角兒，要想角色發揮到淋漓，還需要扮相，
不同的觀眾適合不同的戲碼。
掌廚者是編劇也是寫故事的人……

　　我們這一代，台灣人口裡的四與五年級生，也就是在大陸內地說的50與60年代，剛好是夾在舊世紀與新時代間的一群，尤其4.5~5.5間更是躬逢其盛。這個年代的人用大眾語言說起來，就是較辛苦的一代，夾縫中生存當然不易。但是用樂觀的生活方式來看，也因為錯綜複雜的環境與觀念，生活中迸出比較多衝突的美感，文化的多元性反倒讓變遷的生活型態顯得豐富，像極了老莊年代的思想華麗。

　　開始與大地寶藏近距離接觸，其實是這兩年的時間，就如一見鍾情的伴侶相遇，就這麼熱戀起來，越演越烈……。替家人做菜是任務也是種學習，學習怎麼用文化的心情入到菜裡，既能表達心意也能是創作體驗。

　　年輕的孩子，總愛吃創意料理，但是新手法總是要有傳統技術為基底，求新的過程才能又美又好，好的根基才能有錦上添花的能力。長一輩的品嘗食物，要的不是新的改變，食物對他們來說，更多是想重現生命中美好時光的記憶。無論色澤、口感或盛器，少與老之間都有很大的喜好區別。

食材像是京劇裡的戲角兒，要想角色發揮到淋漓，還需要扮相，不同的觀眾適合不同的戲碼。而掌廚者是編劇也是寫故事的人，要博得個滿堂彩，處處都是學問。

　　兒子從小和大部分孩子一樣，喜食肉多些，為了讓他多吃蔬菜，我總換著花樣變戲法。當下是韭菜肥美的時節，以中西合璧的方式做了涼拌，他吃得舒暢，盤底朝天是對掌廚者最好的安慰。韭菜含有蛋白質、維生素B、維生素C，還有礦物質鈣和磷。裡面的胡蘿蔔素也有很多，僅次於胡蘿蔔，比大蒜還豐富。此外，還含有鋅元素。

　　花了心思的料理，真的有不同滋味，美意與美味總是那麼相得益彰。

# 涼拌韭菜

韭菜肥美的時節，以中西合璧的方式做了這道涼拌，
夏日裡的美味與養分都滿分。

## 備料

- 韭菜，洗淨切段
- 熟堅果，捶成較小顆粒
- 葡萄乾數顆
- 薄鹽醬油

## 烹調

1 一鍋水煮滾，再備一鍋冰水，裝有冰塊的更優。
2 將切好段的韭菜倒入滾水中燙20~30秒，迅速撈起丟入冰水鍋中（這是很重要
  的步驟），浸泡到韭菜冰涼。
3 將韭菜撈起放置到備好的盛器中。
4 將少許醬油淋下，撒下堅果與葡萄乾，上桌。

## 煮婦小語

韭菜在滾燙與冰鎮的過水中，整個甜味被提起後鎖住，是最剛好的入口時機。
夏日裡的美味與養分都是滿分。

# 24/
# 百味

傳統小吃有一種安定的力量，像是祖母或是母親從灶上鍋裡舀出的菜肴，
送進口裡的盼望，是一種屬於熟悉的、安全的、溫暖的、紮實的滋味與口感。

　　台灣傳統市場裡，總有些道地的台灣小吃攤，它們不似夜市裡有那麼
多琳瑯滿目的品項，但是在地風情的濃度卻是無與倫比的。這些吃食多半
跟傳統閩南家庭的生活習慣緊密相依，總是些特別熟悉的味道，經歷了幾
代人的作息，不是屬於正餐中間，就是屬於輕食的早晚過渡時間點心。

　　一般這些小吃會出現在早市裡，都是些平常吃食，如米粉湯，加上白
切的各種肉品、擔仔麵攤，再就是肉羹湯、肉丸……等閩南家庭傳統古早
味。這樣的小吃，一般比較少在所謂的觀光夜市裡現身，因為夜市裡販售
的多是經過改良的吃食，或是廚師創意點子下新開發的料理。逛夜市的人
多是喜歡熱鬧氣氛，沒有些花里胡哨的外觀和新奇口味，在喧鬧的環境裡
難引起大家的興趣或關注。

　　傳統小吃有一種安定的力量，像是祖母或是母親從灶上鍋裡舀出的菜
肴，送進口裡的盼望，是一種屬於熟悉的、安全的、溫暖的、紮實的滋味
與口感。一早起來，這種敦厚的溫暖是一種鼓舞。一日中間，對辛苦工作

的人是一個安慰。幾代傳下來，不變的做法、不變的味道，反而被大夥兒視為不可與生活切割的一個部分。

　　台灣經歷過殖民地的歷史，在那艱苦的年代，酸甜苦辣的人生幾乎是每個人成長的寫照，或多或少影響了人民的生活習慣。閩南菜湯水居多，習慣用勾芡來做調味的菜更是不少，肉羹湯是很具代表性的一道吃食。關於這道點心的主要原料，可用鮮肉，可用海鮮（魷魚），偶爾會出現蝦仁或是花枝，其他湯裡配料大同小異，配上麵或米粉，或飯，適合飽食的正餐，也可單食羹湯作為點心。

　　這道吃食的滋味特點是鹹味中帶著酸甜（甜度依南北地方習慣稍有不同），起鍋時撒上一點胡椒粉，在天寒地凍的清晨吃一碗，讓人打從心裡暖和起來，將一天所需的元氣充滿。小時候每逢寒假回到外婆家，總是能心滿意足的嘗上好幾碗。很多年後我才明白我鍾愛的理由，除了口裡的飽滿滋味外，還有外婆慈祥的親情，暖著我的胃和心。

　　我的青年時期，已經舉家搬到台北這個繁榮大城市，漸漸地開始忙碌著適應新生活，自然也減少了到傳統市場遛達的機會。一直到我開始離開家鄉跨海工作，偶爾會在夜深人靜時，自己在廚房裡為了想家，而自己動手做起這一味，然後站在流理檯邊，用湯勺將剛起鍋的羹湯送入口裡。

　　那時的滋味，正像湯碗裡羹湯的五味融合著。北京的冬天，窗外飄著雪，那時還年輕的我總是臉上掛著淚水，站在昏黃燈光下的廚房裡，一勺一勺吃著自己做的肉羹湯。很多人也許沒有這樣的經驗，在異地做個飯，

炒個菜，卻因為醬油和醋的味道有很大的不同，怎麼烹調都煮不出家鄉的味道，那就是鄉愁的滋味。

　　現在的我，偶爾會在家為兒子以及母親準備這可口的滋味。年邁的母親喜食是為了憶當年，兒子則是嘗鮮。蔬菜和肉，酸甜和鹹辣，混煮後的百般滋味，恰如已走過萬里路的我，看待人生的香與醇一樣。

# 台灣肉羹湯

蔬菜和肉，酸甜和鹹辣，混煮後的是百般滋味。

## 備料

- 豬里肌或是胛心肉
- 胡蘿蔔1條，切絲
- 乾香菇數朵，泡軟後切絲
- 濕木耳數朵，切絲
- 高麗菜，切絲
- 香菜（芫荽），切末
- 烏醋、白胡椒粉
- 鹽、糖各適量

## 醃肉料

醬油、米酒、鹽、糖、白胡椒粉、蒜泥、全蛋

## 烹調

1 豬里肌或是胛心肉切片後，再切約1~1.5公分的條狀。

2 將肉條加入醬油、米酒、鹽、糖、白胡椒粉、蒜泥、全蛋拌勻，冷藏醃1~1.5小時。

3 將醃好的胛心肉條，加入6大匙地瓜粉或2大匙太白粉先攪拌一下，用手搓揉將剩餘的乾粉揉至完全黏在肉條上，感覺乾乾的不黏手即可，備用。

4 煮一鍋水，煮滾後轉成中小火，將生肉羹一條一條慢慢放入水中，等肉羹浮上來即熟了，撈起放入盆中備用。

5 起油鍋，放入香菇絲爆香，依序放入高麗菜絲、木耳絲、胡蘿蔔絲拌炒。

6 再放入煮肉的湯水，讓所有炒料完全熟成。

7 倒入已煮熟的肉條，加入羹湯調味料（鹽 + 少許糖 + 少許醬油）攪拌均勻，待再次將湯水煮開，以太白粉水勾薄芡拌勻即完成。

8 起鍋盛入碗中，再放上香菜末、淋上烏醋、撒些白胡椒粉。

## 煮婦小語

筍上市的季節，肉羹湯裡有筍絲味道更美。

就像天作之合，番茄的酸甜，
配上口感密度極高的豬肝，
入口層次豐富充盈。

我曾經在北京獨居數年，
番茄炒豬肝總在天寒地凍的異鄉冬日，撫慰了我的心情。


　　即使在暖意十足的台灣南部，隆冬時分也正式進入了冬季景象，遠在北京的朋友早就捎來冬雪拜訪的消息。東北季風吹襲的寒冬，很多女性朋友可能都要開始接受手腳冰冷的折磨，華人在冬季本來就喜歡依賴可以溫補身體的食物，為身體保存熱量。豬肝正是傳統華人在這個季節習慣食用的食材之一。

　　我有個幸福的童年，幼年時期家中有祖輩家人同堂，奶奶做得一手好菜，無論對家鄉還是爺爺曾工作或居住過地區的特色菜系都能上手，因此在食與衣上，我都是在非常豐厚的照顧下長大的孩子（小時候的圍兜與學步鞋都是奶奶親手縫製的）。炒豬肝恰是天寒地凍氣溫下，餐桌上常見的家常菜，除了配飯，有時候湯汁煮得多些，還可以拌麵條或直接變成湯品，都是滋補又經濟實惠的飯桌良伴。

　　炒豬肝在搭配的調味料和配料選擇上，其實林林總總有好幾種做法，依地方文化與飲食習慣各成一格。廣為人熟悉的有麻油豬肝、生炒豬肝、滷豬

肝⋯⋯等等，而在這些眾多口味中，我最愛幼年家中吃的番茄炒豬肝。

豬肝中的鐵質豐富，是最常用的補血食材之一，食用豬肝可調節和改善貧血者的造血功能，豬肝並含有豐富的維生素A，也具有維持正常生長和生殖機能的作用，還能保護眼睛，維持視力正常，防止眼睛乾澀、疲勞，也對皮膚的健美有幫助。很多人不敢食用動物內臟，但若能適量攝取，並在食材挑選上注意安全，不但能兼顧營養補給，又能飽足口腹。在西餐中，鵝肝不正是世界推崇的美食料理？!

根據科學臨床數據顯示，番茄紅素有助於提升免疫系統，對抗氧化，預防多種惡性腫瘤及前列腺維護等健康支持作用。番茄紅素含量高的水果和蔬菜有番茄、西瓜、葡萄柚、芭樂、木瓜、紅椒。不同品種的番茄，和番茄的成熟度，則會影響番茄中茄紅素的含量。據統計番茄和各類番茄製品，佔了85%的日常生活茄紅素攝取量。茄紅素不溶於水，但溶於油，而且緊密地結合在植物纖維裡，所以烹煮、打碎番茄，並加入油脂，可以大大提高消化系統吸收番茄紅素的能力。因此加工烹煮過的番茄製品，反而有比較高的生物利用度。

豬肝加上番茄的搭配做為菜肴，在養分的提升上就像是天作之合的連理，相得益彰外，番茄的酸甜，配上口感密度極高的豬肝，讓入口的層次也豐富充盈起來。

吃番茄炒豬肝，我個人最愛搭配饅頭佐食，豬肝夾著番茄入口細嚼，隨後送入一小塊沾著菜汁的饅頭，在口中綜合後，香味口感都會在舌尖與

喉部來回流暢遊走，若能再配口熱羹湯，就真是幸福滿分了。

　　當年我在北京獨居數年，番茄炒豬肝總在天寒地凍的異鄉冬日，撫慰了我的心情，中華料理中的好滋味評鑑，在色、香、味上的功夫還有一絕，這一絕也是對最後的「味」有極大影響力，那就是刀工。

　　豬肝的厚薄與番茄的滾刀切法，通常前者會有厚薄兩種混合，後者則有大小差異，混合在一起，厚薄大小各有擔負的責任，又會多出好些深淺濃淡的百轉千迴滋味。今天就讓番茄炒豬肝在寒冬中為您獻上溫暖新滋味。

# 番茄（西紅柿）炒豬肝

紅色番茄喜氣，豬肝營養高，在嚴寒冬天帶來豐富色彩的好味道。

## 備料

- 豬肝1副，洗好後，切片備用
  （建議切片時厚薄各半）
- 蔥2支，切段
- 薑片少許

- 番茄（西紅柿）3~4小顆，
  一半用滾刀法切塊，一半切薄片備用
- 醬油、米酒、糖適量

## 烹調

1 鍋內放水煮沸，將豬肝倒入，只需燙6~8秒，豬肝表皮變色即可撈起。厚薄分裝在不同盤具備用。

2 將炒鍋熱鍋放入少許油，放下蔥段和燙過的厚片豬乾拌炒，淋上少許清水和料酒，料酒的目的在去腥，可視個人喜好斟酌。

3 倒入醬油，放少許砂糖，轉小火，蓋上鍋蓋燜煮40~60秒，待番茄薄片熟軟後，茄汁融入醬油，厚片豬肝也熟成後，打開鍋蓋倒入薄片豬肝，一起拌炒後，即可起鍋。

## 煮婦小語

薄片番茄因燜煮，茄汁幾乎已與醬汁融合，大塊番茄則仍有口感，豬肝厚薄也扮演相同任務角色。

# 回味

*紅麴是廣東、福建一帶的慣用調味品，也是我極愛的一種，*
*對我來說它是舊愛，也是新歡……*

　　我幼年的時光，現在回想起來，幾乎是生命中最美的一個階段。因為生活中祖輩家人與左鄰右舍的老人家們仍環繞在我們的生活四周，這些擁有豐富社會閱歷與大時代造成居住地遷移的長者們，有著高超的智慧，依舊能為那個即使物資缺乏的年代，帶來許多生活中的樂趣，就好像是在歷史上五胡亂華時期，多種不同的語言與生活方式的人們共同生活，迸出最燦爛的獨特文化。

　　那時候的台灣省政府所在地就是這樣的情況，前後左右鄰居各從大陸不同省份來到台灣，在異鄉，每個人都會將拿手家鄉菜的絕活用在生活上，用以撫慰離鄉背井的一顆心，那時候家鄉菜是生活中很重要的身心糧食。

　　第一次吃到用紅糟製作的食物，是隔壁福州省籍的奶奶做的紅糟魚，那香氣至今難忘，紅通通的一盤，對習慣北方食物的我們家來說，真是一道新鮮可口的新菜式。紅麴（紅糟）是中國南方廣東、福建一帶常用的一

種調味品。過去它的主要功能是用作上色的食用色素，同時可以防腐去腥及提增菜肴風味。近年來，人們逐漸重視其機能性與保健性。

　　紅麴，主要是以蒸煮過的米，加入紅麴菌，讓菌生長後乾燥，得到的就是紅麴，看起來像是紅色米飯的樣子。紅麴可以著色，使食物呈現喜氣洋洋的紅色，還含有降血壓、膽固醇、抗氧化等許多保健功效的成分。這些年大家逐漸關注起養生與食安問題，這些帶著古老智慧的烹調技術，與釀造的手作物如雨後春筍般在市場上露臉，也讓我有了更多試新菜的素材可以選擇，紅麴就是我極愛的其中一樣，對我來說它是舊愛，也是新歡，小時的記憶混合現在生活上的知識，讓它成為我廚房裡必備的材料。

　　我的下廚記錄著我做菜的歷程，真正大量花時間研究與親自試菜，最重要的因素仍是受家人影響，當年三代同堂時的記憶，距離最久遠，但也是最溫暖最有滋味的畫面。那時候的奶奶和母親，與家中傭人幾乎時時在廚房中張羅著永遠做不完的活兒。因為在省政府任職的爺爺，幾乎隨時都會有臨時的訪客留下用餐，雖然嘴上說著是家常菜招待，其實骨子裡家中飯桌上的菜式幾乎是男人對外的面子。那個年代的女人雖然辛苦，但是與夫共同為家園撐起的場面，似乎也為足不出戶的主婦們帶來些許不同凡響的成就感，至今想起仍讓我不禁豎起大拇指讚嘆不已。

　　這段記憶變成我在北京生活時的教戰手冊。十多年前，我獨自留在北京工作，可能從小家中的生活習慣，讓第一次踏上北京土地的我，產生了莫大的熟悉感，那時到北京的台灣人很少，商界人士大多飛往上海，而我

卻嚮往那深厚的文化底蘊，當年與好幾位出版社的長輩們因工作結緣，面對這些文化耕作者的同好們，我最顯誠意的待客之道，就是請他們到我獨居的房舍來，讓我親自下廚，為他們準備一頓美味飯菜。

當年我在封閉式的小陽台上布置了別致的餐桌，幾盤熱菜，燉上一鍋好湯，小二鍋頭在一旁伺候著，窗外飄著白雪，窗內的人胃是暖的，心是暖的，友誼指數升至最高溫，互相對對句，吟著詩，標準風花雪月的一段歲月。

而近幾年做菜，原本目的也是家人，是女兒也是母親的我，希望能扮演恰如其分的角色，進而想將這家庭中的溫暖，散播分享給更多家庭。

我的獨生兒子，一直是胃口很好的小孩，現在已經成為青年的他，十分鍾愛我的紅麴燒肉這道菜，在已經過了立冬的節氣當下，介紹這道菜給讀者們，祝福大家有個健康又溫暖的歲末。

# 紅糟紅燒肉什錦

冬季時分燉上一鍋,散播家的溫暖。

## 備料

- 五花肉1塊
- 馬鈴薯2個(因為市面品種很多,視大小增減)洗淨,削皮後滾刀切塊備用
- 胡蘿蔔1條,切塊備用
- 薑1小塊,切片
- 八角2~3個
- 醬油、紅麴醬(市面上有秤重零賣的也有整罐的)
- 料酒(米酒或紹興酒均可)

## 烹調

1 先備一鍋水,煮沸後將五花肉放入,大滾1分鐘後,倒掉水取出肉,再將肉切塊備用。

2 準備一個炒鍋,鍋熱後,放下切塊的肉與薑片,以中火在鍋中翻炒,肉自動會分泌油脂,待肉雙面微微焦黃,淋上1湯匙料酒後,關火蓋上鍋蓋備用。

3 將炒鍋或是平底鍋熱鍋後,放少許油,開中小火將馬鈴薯塊放入,煎至雙面微焦黃後起鍋。(切記不可大火,容易焦黑)

4 備一只鍋,將烹調2倒入後,加入能淹過肉的水量,以中火煮滾後,加入醬油(依口味濃淡調整分量),放入八角和兩湯匙紅麴醬,蓋上鍋蓋後,以中小火燉煮約15分鐘。

5 放入煎過的馬鈴薯和切塊的胡蘿蔔,以中小火再續煮10分鐘後,關火,盛盤。

紫皮馬鈴薯
（原產於南美）

馬鈴薯（potato），茄科多年生草本植物，塊莖可供食用，是全球第三大重要的糧食作物，也是目前世界上除了穀物以外，做為人類主食最重要的糧食作物。

馬鈴薯的營養成分非常全面，含有蛋白質、礦物質（磷、鈣等）、維生素等多種成分，有「地下蘋果」之稱。

馬鈴薯在原產地就有幾百個品種，在世界各地又不斷地培養新品種，目前全世界有幾千個品種。

人們根據不同的用途培養出很多新品種，有白色、紅色、紫色等品種，地下塊莖有圓形、卵形和橢圓形。

資料參考｜維基百科

認識大地的寶藏

# 馬鈴薯

圓形紅皮馬鈴薯
（新馬鈴薯）

圓形白肉馬鈴薯
（最普遍）

# 27/
# 品味

*大白菜，是上蒼在天寒地凍時，送給我們最完美的禮物*
*燉肉、煮火鍋、切絲涼拌，在農民曆裡載明的大寒節氣中，*
*它總扮演著送暖的角色。*

　　清晨街邊早市菜攤上，躺著一顆碩大肥美的白菜，沒有猶豫馬上買下
扛回家。因為憶起十多年前，我隻身跨海到北京開創工作的時光。對一個
四季如春的南方人來說，入冬後的北京零下溫度白雪紛飛，既新奇又辛
苦。

　　在租來的小樓裡，我總在陽台上放個大紙箱，乾燥又冰冷的氣溫，成
了渾然天成的冰箱。裡頭堆滿了大白菜和白蘿蔔，一個冬季不知吃掉多少
斤？那是個辛苦卻浪漫的年歲。

　　真正的美食家都知道，最美的滋味，一定來自大自然中當季水土培育
出的食材。大白菜，是上蒼在天寒地凍時，送給我們最完美的禮物。燉
肉、煮火鍋、切絲涼拌，在農民曆裡載明的大寒節氣中，它總扮演著送暖
的角色。

　　菜市場裡最平價的吃食材料，卻也是故宮博物院裡高貴無瑕翠玉的化
身。這多重的身分，恰如一個謙遜的哲人，讓我有很深的領悟。

台灣菜裡有道大家都知道的菜式叫做「白菜滷」（「滷」這字若放在「白菜」前面就是個做菜的動作，是動詞。但放在「白菜」後面，就成了用閩南語發音的菜名，是個名詞），不管是街邊小攤或是大飯店裡，這都是很重要台灣菜的代表料理之一。

　　這一天，我做了白菜滷給爸媽送去，卻不敢留下來吃飯。因為，怕看到父親想念起奶奶時掛淚的眼……。

# 鮮味白菜滷

白菜加上煎蛋、蛋豆腐、香菇和肉絲，成為冬季最想念的滋味。

## 備料

- 大白菜
- 蝦米
- 豬肉絲
- 雞蛋豆腐 1 盒
- 雞蛋 1 個
- 香菇數朵
  （乾或新鮮都可，乾香菇較香但需要事先泡軟）
- 紅蔥頭數顆

## 烹調

1 蝦米少許先浸泡清水，碗裡備用（香菇若用乾貨也是如此）；豬肉絲用少許醬油醃漬後，放在另外一個碗中備用。

2 雞蛋豆腐切塊後，在熱鍋中放油煎香，至雙面微黃即可起鍋備用。

3 一個雞蛋放在碗中打散打勻備用。平底鍋熱後放油，蛋液放入攤平，煎至兩面微焦黃後，用鍋鏟切塊，盛起備用（我把它用來代替蛋酥，因為蛋酥需要較多油去炸，自家吃可選擇用少油的煎法取代，只要有焦黃，熬煮時滋味相同）。

4 將炒鍋熱鍋後放入油，放入已經切片好的紅蔥頭、泡軟的蝦米、香菇（要從水中取出）和肉絲，一起在油鍋中爆香。

5 當香味已經散出，再放入已切塊好的大白菜拌炒約1分鐘，倒入兩碗水加煎香的雞蛋豆腐和煎蛋一起燉煮。

6 放些許鹽和醬油調味後轉小火，蓋上鍋蓋，待大白菜的葉梗熟軟後，開大火收些湯汁即可起鍋。

## 煮婦小語

若湯汁多些，放入冬粉也很美味！

# 28/ 過水

中國菜的烹煮哲學中，
過一道油或過一道水，都是很重要的步驟。
過了，就「提香」了。

上了趟傳統市場，驚見一般超市裡少見的麻竹筍，體型堪稱碩大。鮮少在市集裡採購，不敢貿然詢價，生怕不知行情，對已忙碌到不可開交的老闆娘增添麻煩，在旁觀摩著前來搶購的婆婆媽媽們的交談。

當我也不免俗地加入這選購的行列，一位老伯（其實我猜他的年紀應大不了我幾歲），以前輩行家的姿態提醒我，他說：「現在這筍會有苦味，要先用滾水沸煮一會，就能退下那苦味，倒掉第一道水後，再重新注入清水，加入其他食材，美味還是在的。」

再三道謝後，回家路上想著阿伯的話，不禁莞爾。

這煮秋日的麻竹筍，彷彿練習說話藝術一般，前陣子公司年紀較輕的同事，在溝通工作時，老是信沒寫好或話說得不得體，得罪了客戶不說，還惹得幾位合作者氣得來投訴。

我說，溝通時實話還是要說的，但怎麼說的得當，不損傳達時的清晰，又不傷彼此和氣，話出口前，在心裡順一順，將心比心的修個辭，還

是能達成任務，且皆大歡喜。

　　仔細想想，這「在心裡順一順」的步驟，不就像極了那煮麻竹筍的第一道離苦之水嗎？

　　中國菜的烹煮哲學中，過一道油或過一道水，都是很重要的步驟。過了，就「提香」了。

　　麻竹筍雖沒綠竹筍鮮甜，但也是別有一番滋味的。為了保持那離苦後的清香味，我捨了排骨，選了油脂更少的雞胸肉加入佐味。起鍋前加入點新鮮菌菇搭配，唯一的調味料就是少許的鹽。

　　輕啜一口，筍與菇的清香相應，嗯，正符合秋冬的心情！

# 麻竹筍清甜雞湯

雞胸肉、新鮮菌菇，襯出了麻竹筍獨具的滋味，正符合秋冬的心情。

## 備料

- 麻竹筍1支，削好皮殼切塊
- 金針菇或鴻喜菇等新鮮菌菇少許
- 蔥切段少許
- 雞胸肉切成條狀（超市裡有現成的）

## 烹調

1 鍋裡放入水煮沸，再放入筍塊大滾40秒，關火取出筍塊，倒掉原鍋裡的水。
2 注入新水重新煮沸後，放入雞胸肉與蔥段，關中火煮熟（約5分鐘即可熟透），倒入已熟的筍塊，小火燜煮15~20分鐘後，加入菌菇與鹽，關火蓋上鍋蓋，燜3分鐘後即可食。

## 煮婦小語

喜食麻油者，可在碗裡滴少許麻油，風味絕佳。

# 29/
# 繁衍

*吃海鮮除了準備碗盤，還該準備心情，*
*大海的滋味，是有層次的美麗……*

　　台灣男孩有個真正的成年禮，就是進入軍隊受訓一段時間，在此「當兵」是身體健康男孩通往男人之路的必經路程。

　　我兒子祺在去年暑假正式從大學畢業，也踏上這個行程。兒子上週從軍中放假回來，雖然我知道目前軍隊伙食極豐富，但自忖他吃到海鮮的機會可能較少，便偷空為他做個炒蝦仁 。

　　不知大家有沒有發現，在中國菜裡，除非重要節慶，否則海鮮料理除了魚以外，平時上桌的機會比肉類少了很多。沒有仔細研究過原因，但是如何在平日家常料理中能把海鮮烹煮得巧妙，配著主食又要有滋味，的確得花點腦筋。

　　從孩童時代起，吃蝦是家庭裡滿足口欲又享受親情的時刻。幼年時總膩著母親要著賴要她替我剝殼。等我從女兒變成母親，這個戲碼也在自己家中上演。我笑著仍為這個已在肩上扛槍的阿兵哥剝著蝦殼，嘴裡說：等你當了爸爸，我就要交棒了。

　　傳承是一個奇妙又神聖的人類延續過程，每回上市場看到熟悉的魚販攤子，只要伸手挑蝦，老闆娘就問：「兒子回來囉？買我們剝好的不是比較方便嗎？」我總是微笑著婉拒她的好意。一是常有養生經驗的朋友叮嚀，不要買現成的蝦仁（據說常為了保鮮口感容易浸泡某些化學藥劑），二是在動手剝殼過程中，我其實享受著那期待中的盼望，那是一種「希望」的好心情。

　　繁衍與傳承有著密不可分的關係，我們的土地也是。希望大家注意環保，珍惜食物，剩食越少，才能達到物盡其用的境界。吃海鮮除了準備碗盤，還該準備心情，大海的滋味，是有層次的美麗。想想那初見大海的第一眼，深呼吸……讚嘆……舒暢……！

　　這生生不息的氣味就是繁衍。

# 什錦蝦仁

即便是聊天時作為白葡萄酒之下酒菜，也很有滋味。

## 備料

- 帶殼白蝦
  （最好帶殼，非逼不得已不要買現成蝦仁）
- 蔥
- 芹菜1把
  （傳統芹菜或西芹視個人喜好）
- 杏鮑菇
- 米酒或紹興酒
- 鹽
- 糖
- 熟的乾燥腰果
  （超市的堅果零食亦可）

## 烹調

1 蝦仁剝殼備用。芹菜與蔥切段，杏鮑菇用滾刀法切塊。
2 熱鍋後放油，將蔥及備用蝦仁放入清炒，稍做翻炒後，將酒料2湯匙倒入鍋中，開大火煮至蝦仁肉變紅，酒也揮發後盛起備用。
3 洗鍋後重新加熱，放油，倒入杏鮑菇＋芹菜＋鹽＋少許糖提味＋少許醬油。大火快炒20秒後，倒入已熟蝦仁翻炒10秒，關火。
4 將腰果倒入已熄火鍋中拌勻，起鍋盛盤。喜辣者可以加少許辣椒和芹菜合炒，風味亦佳。

# 30 / 什錦的滋味

一直覺得，炒飯像與人相交，
自己盡了做朋友的本分，還要找氣味相投的，
多些親近，就能成為莫逆。

很多媽媽會挑蛋炒飯做為進廚房的第一個作品，我也喜歡在空閒時研究各式各樣的炒飯。炒飯如此受煮婦們厚愛，我想重要原因是賣力烹煮後，在餐桌上，它是一個可以獨力撐完用餐時間的食物。

其實會做菜的人都知道，單單一道好吃的蛋炒飯，學問其實不小。從飯的準備就有講究（普遍建議用隔夜飯較佳），接下來再分蛋和飯混炒，還是蛋汁裹飯較優？這倒是各有說法，全憑個人喜好而定。

蛋炒飯就如此，更何況各式私房炒飯，炒飯難在配料越多，要顧及的細節愈多，那個料先放？為了顧及口感層次，必須在腦裡先轉一圈。名為「什錦」，甚麼材料與甚麼材料相混能加分提味，而不會相衝顯得滋味古怪，這又是門學問。有時靠經驗累積，有時全憑天生資質異稟。「對味」才是能保有自己又能擁有相投帶來融合芬芳的指標。

一直覺得，炒飯像與人相交，自己盡了做朋友的本分，還要找氣味相投的，多些親近，就能成為莫逆。吃得飽與吃得好，到吃得美，還是有那麼點差別的，不是嗎？

# 什錦炒飯

最簡單的炒飯卻藏著很多料理訣竅。

## 備料

- 隔夜飯或是冷飯（分量自斟酌）
- 肉絲
- 雞蛋1~2個
- 小白菜1棵，切小塊
- 熟小管1~2隻，切塊
- 蒜頭3粒，切丁
- 蔥花少許
- 胡椒粉

## 烹調

1 肉絲用醬油醃過後，下鍋炒至7分熟備用。

2 蛋也是先炒7分熟備用。

3 熱鍋，鍋裡有炒蛋時剩下的少許油，從冰箱拿出隔夜飯下鍋拌炒至飯熱（下鍋前可放在塑膠袋中先將結塊揉散）。

4 倒入小白菜和蒜末丁拌炒30秒（轉小火），倒入醃入味的肉絲和炒蛋與切好塊已燙熟的小管，用筷子迅速拌炒至料與飯均勻混合。

5 最後淋適量醬油上色，試味道後加鹽調味，關火。起鍋前放下蔥花與胡椒粉拌勻。

# 31/
# 生機

美好的食物享用，除了美味的品嘗，
還可以替心靈傳遞溫暖，甚至療癒的功能。
那是生命力真實的一種呈現。

面對生命的無常，偶爾生活的節奏會被生命中突來的大風吹得亂了節拍，忙著應變，收拾整理著心情，盼能重回協調的音律中。

滋養身心其實是很重要的生存必備能力。當人類社會繁衍文明進步到了這個時代，很多時候食物並不只扮演止飢的角色。美好的食物享用，除了美味的品嘗，還可以替心靈傳遞溫暖，甚至療癒的功能。所以我們常誇讚極致的上好佳肴是色、香、味俱全的藝術呈現。

好久沒上菜了，兒子休假，媽媽幾日前胃疾發作沒了胃口。光衝著這點，再忙也要為家人做道菜。

用新買的鐵鍋燉煮了牛肉，馬鈴薯＋胡蘿蔔＋番茄泥。茄紅素是很營養的天然補品，不得不感謝大地孕育出這些神奇的物種，土地上的加上土底下的……。就連家居生活布置，我也一向愛用大地色系，讓家變得更明亮和鮮活地和土地作更深的連結。

用剛買到的有機帶籽葡萄乾，代替了紅酒（免得開瓶沒喝完，浪費

了）。色澤與滋味都療癒了家人疲憊的身心。像把窗外陽光變成液體能量，送進了心靈與腹中。

　　生機，通常指的是生命的機會，一種健康又不停生長的狀態。那是生命力真實的一種呈現。

# 羅宋湯

燉一鍋羅宋湯，色澤與滋味都療癒了家人疲憊的身心。

## 備料

- 牛腱肉
- 胡蘿蔔1條
- 番茄4個
- 洋蔥2個
- 馬鈴薯2~3個
- 西洋芹3根
- 番茄泥100cc（可自己用調理機打或是超市有賣現成罐頭）
- 葡萄乾(代替紅酒)

## 烹調

1 洋蔥剝去外皮對半切開；西洋芹切段；番茄去蒂。以上備好待用。
2 清水放入鍋中煮沸，放入洋蔥、西芹和番茄，煮至滾開，轉小火慢熬。
3 牛肉洗淨（勿切塊），另外備鍋煮滾水，整塊牛肉放下以大火滾2分鐘（去掉血水及雜質浮渣），將肉撈起洗淨放入（2）中。
4 待上述熬煮20~30分鐘後，將胡蘿蔔切塊放入，繼續熬煮。
5 此湯的精華就是熬煮時間若能有3~4小時以上是最完美的（建議至少2小時以上）。
6 最後將馬鈴薯切塊放入（要煮20·30分尤佳），加上葡萄乾。
7 倒入番茄泥，加鹽調味。
8 起鍋前先將大肉塊撈出，切成自己喜好適當大小放入盛器，湯可起鍋倒入。

## 煮婦小語

最後才切肉的原因是因為熬煮時間長，肉塊會縮小往往拿捏不準大小，有可能太大或太小都影響口感。

認識大地的寶藏

# 洋蔥

洋蔥（學名：Allium cepa），二年生或多年生草本。根弦線狀，濃綠色圓筒形中空葉子，表面有蠟質；葉鞘肥厚呈鱗片狀，密集於短縮莖的周圍，形成鱗莖（俗稱蔥頭）。

洋蔥原產於中亞或西亞，現有很多不同的品種，是已經用於世界各地的食物。在中國也分布廣泛，南北各地均有栽培，為中國主栽蔬菜之一，也是適合中老年人的保健食物。

洋蔥有淨化血液的功效，其中的二烯丙基二硫是刺鼻氣味的主要成分，能夠預防血液凝固、有效清血，並降低血液中的膽固醇。

資料參考｜維基百科

# 32/ 慈悲

*做豆腐宴，像修行，*
*無論甚麼面貌轉換，*
*心始終柔軟，就能有滋味驚艷。*

　　豆腐在中國人的飲食文化中，有很重要又很久遠的影響力。

　　《本草綱目》中說到豆腐：「凡黑豆、黃豆及白豆、泥豆、豌豆、綠豆之類，皆可為之。水浸，磑碎。濾去渣，煎成。以鹽汁或山礬葉或酸漿醋淀，就釜收之。」其生產過程是：選豆→浸豆→磨豆→濾漿→煮漿→點漿→成形，這也就是傳統豆腐生產的基本過程。

　　生豆漿有毒，必須煮沸（「煎成」），使蛋白質變性才能消去其毒性而可食用。《本草綱目》中亦說：「豆腐之法，始於前漢劉安」。

　　從原料到成形的每個過程步驟，都有不同的姿態與滋味。這是道神奇的菜肴，再搭配煎、炸、煮、炒，各種烹飪技巧交叉運用，可以變化出上百道不同菜式上桌，一點都不含糊。

　　料理好豆腐有個竅門，約莫脫不開層次依序或外堅內軟原則，無論是炸豆腐的外酥內軟，或是煎豆腐的外韌內鬆，凍豆腐燉白菜的軟硬相依，嫩豆花配上彈牙的粉圓⋯⋯。幼兒剛要斷奶長牙，老年人齒牙動搖，這都

是絕佳選擇，簡便又營養豐富。

　　做豆腐宴，像修行，無論甚麼面貌轉換，心始終柔軟，就能有滋味驚艷。豆腐與唇齒的交好，也不同於其他菜肴的全然倚重舌尖來定奪，整體的口感也佔了相當的影響。

　　吃豆腐可以用心感受食物對人的慈悲，在感恩中升起的敬意，就是人與天地萬物間互相流動好能量的絕佳路徑。

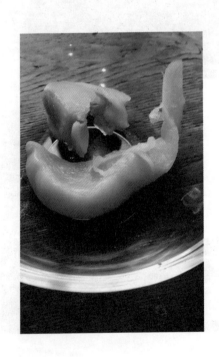

# 香煎豆腐

創新加了蘿蔔乾小丁拌炒，可以增加豆腐的口感層次。

## 備料

- 雞蛋豆腐1盒
- 絞肉些許
- 蔥，切丁
- 蒜，切丁
- 蘿蔔乾，泡水瀝去鹹味後切丁

## 烹調

1 豆腐切成適當塊面。絞肉用少許醬油攪拌醃入味。
2 鍋熱後放油轉中火，放下豆腐煎至兩面黃，取出盛盤備用。
3 重新整理鍋具後，熱鍋放油，將絞肉和蒜丁放入爆香後，待肉8分熟後放入蘿蔔丁拌炒。
4 放入1/4碗水，重新將豆腐鋪於鍋中，以小火收湯汁，燜煮少許時間，起鍋時吸滿湯汁的豆腐，撒上蔥花，色澤和滋味都是最美的。

## 煮婦小語

蘿蔔乾的鹹度不一，太鹹的蘿蔔乾切記要先用水浸泡，瀝去部分鹽味。

# 33/隱味

人長大了，就會開始欣賞隱味，那種品嘗，
除了嘴裡的滋味，還有打從心裡發出的聲音。

看見一只肥美的白玉色苦瓜，真美。不會有什麼比這當季的瓜果來得
滋養與爽口。由於苦瓜在夏日有清火功效，怎能不用它入菜，換來雙親笑
顏？！

兒子開始喜歡吃苦瓜，紅燒或煮湯都不嫌棄，他自己也嘖嘖稱奇。我
說人長大了，就會開始欣賞隱味，那種品嘗，除了嘴裡的滋味，還有打從
心裡發出的聲音。

中國人無論喝茶、吃菜，讚嘆的上等味道多是苦後回甘而來，這也符
合民族個性，含蓄中仍吐真言，轉了一圈，這苦竟是為了提升的甜味而生
的。今日看好友臉書，也是品菜時說到：彷彿吃了苦的人生才有底蘊，才
能襯出舌尖上的多滋多味。這話說得真好，一點都不假。

中秋過後，氣候如猛虎出閘，買條肥美的白玉苦瓜燒來吃，降火又爽
口。苦瓜態美，醬油中放點冰糖提味，苦中帶甜，符合亂世生活中的滋
味。

# 紅燒白玉苦瓜

苦瓜態美，醬油中放點冰糖提味，苦中帶甜，符合亂世生活中的滋味。

## 備料

- 白苦瓜1條
- 肉絲少許

## 烹調

1 將苦瓜切塊（刮去內部帶囊皮的子），子勿丟棄可留存。

2 將炒菜鍋熱鍋後放入少許油，先將苦瓜稍微炸過或是乾煎，收乾部分水分，取出。肉絲和子也稍作拌炒備用。

3 放入少許水與適量醬油（一般紅燒做法）到入煮鍋內，倒入苦瓜與子（水需蓋過瓜塊即可），煮至瓜熟後放入少許冰糖，放入已炒過的肉絲與子，大火收湯汁即可。

# 34/
# 純味

我喜歡粒粒分明的米飯，一口白飯放入口中，
從無味轉成香甜，再到純味的芬芳……。
像高級的香水有著前味與後味的百轉千迴。

　　很多朋友多不相信我喜歡烹飪，因為大家總把烹飪的樂趣，用傳統的
思考模式，將它歸類在家庭主婦的責任裡。而身為職業婦女的我們，理所
當然被歸類在家事不可能賢慧的族群。

　　其實很多創意工作者都喜歡在廚房裡釋放壓力，對我來說，它的樂趣
絕不亞於我的任何一種戶外娛樂活動。從思考菜譜、準備食材、下鍋、擺
盤……都是我的最愛。

　　這些年大多喜歡就當地時令食材的特性，隨手做些新的變換，為家人
服務，偶爾也請朋友到家分享，都是生活中的樂事。惟獨四十歲過後，每
每一頓烹煮換來滿堂喝采後，犒賞自己最好的禮物，卻是簡單的一碗溫度
適中的白飯。

　　我喜歡粒粒分明的米飯，放進口裡就會細細咀嚼，單純而香甜的滋味
是讓廚子最為讚歎的美味（後來才知幾乎所有的廚師自己都偏愛單純的食
物）。

一口白飯放入口中，從無味轉成香甜，再到純味的芬芳……。像高級的香水有著前味與後味的百轉千迴，在舌尖、喉頭、心上，香味就這樣飄著。

　　到「呂河」（台北的一間小餐廳）用餐，一直是我視為最高享受。主廚是店老闆也是朋友，我來享受美味也享受友情溫暖。昨晚坐在吧台，發現對面牆上寫這句話「三口白米飯」字跡是老闆的作品，乾乾淨淨的白牆就跳躍著這幾個字，是那麼的清晰，讓我不禁莞爾……。

　　有時最珍貴的滋味往往是最單純與純淨……。

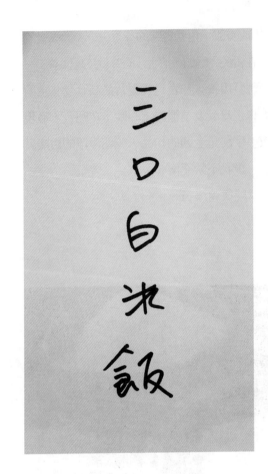

三口白米飯

# 上班族米飯備用寶典

有時小家庭或是獨居者，煮飯時可以多煮些，儲存方式的變換也可以造就很多不同的主食做法，方便又省時。

1 用廚房收納袋將剩餘的米飯，按自己平時一餐適當分量裝好後，2日內可食用的放冰箱冷藏區，3日後才會吃的放冷凍區。這是做炒飯最好的主食材（炒飯的要訣，在於米飯要粒粒分明，所以常說要用隔夜飯），要吃時隨時可以取用。

2 當冰箱裡有備用米飯，需要省時的還有煮粥，無論是白粥、鹹粥、甜粥都很方便。

3 有時家裡有油炸料理，一鍋油倒了可惜，卻又有許多殘留物，將由熱滾後，倒入一小坨米飯，所有殘留物會被吸到米飯裡，撈出米飯，油轉回清澈可以再次使用。

# 35/破殼

很多蛋的做法耐人尋味，若是要入菜，
又可依在菜式中的主或副角來調度它的姿態……。

　　我不知道大家對「蛋」這個食材有多少的喜愛？我本身對蛋是很有特別有感情的。

　　小時候去上學，尤其在冬天，媽媽總會在我的外衣口袋裡，放上一只溫熱的白煮蛋，說是給我暖手，也怕我下課肚子餓時備用。那時的蛋都是自家老母雞每天生的，極新鮮，滋味也濃厚。在海外工作時，每到了我的生日，母親都會打越洋電話來叮嚀，要我自己煮兩只雞蛋在麵裡，為自己祝福。

　　現在，我嘗試調整飲食習慣由葷轉素，在這過程中，蛋是很重要的一個陪伴我適應的新飲食習慣的吃食。大學時期我念的是應用美術，主修平面設計，選修科則有一門是包裝設計，那個時候我就感覺蛋殼與蛋的關係，真是產品與包裝最好的結合，大概再也找不出這樣完美的設計了。

　　我喜歡用蛋入菜不是沒有道理的，因為總有神奇處，當蛋帶著殼與離了殼，以我個人來說即可以變化出二十種以上的做法，包括每一種的口感

與滋味都可以有很大的差異。所謂煎煮炒炸各路廚房招式，幾乎樣樣都能派上用場。

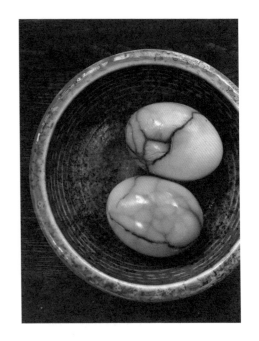

很多蛋的做法耐人尋味，若是要入菜，又可依在菜式中的主或副角來調度它的姿態……。看似簡單的料理，卻暗藏很多前輩的智慧與巧勁，在廚房工作的老師傅們話匣子一打開，談起蛋料理的私房功夫總讓人嘆為觀止。例如，炒蛋要滑嫩，加入幾滴水竟是口感關鍵。水漂蛋要漂得優雅，何時打蛋入水中？又何時將鍋離火搖晃兩下？決定了那白色禮服的長短和在水裡呈現出的風華……。

以前看客家婆婆在油鍋裡炸蛋酥，那場景更是壯觀，金黃色的蛋汁透過漏勺落入滾燙的油鍋中，無論是視覺或是嗅覺都在當下進入另一個空間，像在大山谷中的瀑布前欣賞壯麗的風景一般。

為自己煮一鍋茶葉蛋，在蛋撈起做殼的破痕工作時，我總帶著雕刻作品的態度，希望把蛋破殼這件事以創作的心情來對待。茶葉蛋上菜，把帶有美麗紋路的茶葉蛋放在盛器裡，端前食用，那繞過千山百轉後的心情還是很不一樣的。

# 36/ 新與舊

舊時骨，新時魂。
他們像不能分離的焦孟，誰離了誰都——無味！

做案子有時心會亂，原因很單純，自己是執行者，給客戶建議，客戶卻有自己另一套看法，明知聽從了付費者的要求，後續會有難以收拾的後果，卻無能為力。以前會因此容易動怒，對方執著，自己也身陷其中，撐起來，也沒得好處，兩把火在不同心裡燒著。

後來工作內容轉成顧問，感謝眾人抬愛，這頭銜有個好處，建議盡管給，採用了的意見負責到底，不被採用的意見，盡力後不須罣礙。不執行決策權，除了是工作倫理也是智慧。

不過有時還是會氣，怪不得旁人，是自己修養不夠。天下事本沒公平可言，全憑內心慈悲深淺，度量大小決定生活品質。

天下事無奇不有，人外有人天外有天，兩年前的助理是新一代人類（屬於西元八〇後段出生），我整整大她兩輪，是老少兩隻兔子。

昨天她帶著驚喜告訴我，網路上流傳著一種泡麵新吃法：泡麵＋布丁，又說：「我朋友回去試了，說味道很不錯。」老兔子當下就面露不可

置信貌。試想這說法應該會讓很多名廚在心裡多少犯上幾句嘀咕吧！

我談不上名廚，但對烹飪基礎總是熟悉的，先入為主地想：這些無聊小傢伙們瞎搞，但不免覺得新鮮。

未想晚間電視新聞裡就播放著這道流行泡麵新吃法，也採訪了幾位親身實驗者分享心得，有老有少，好惡各半。連網路名人蔡阿嘎都發表了體驗感言說，用肉骨茶麵加上布丁滋味像味噌豚骨。而海鮮泡麵加牛奶，則十分美味。但又說加了愛玉卻會難吃無比。

這些眾說紛紜的情況，讓我重新看待這事件，畢竟在很短的時間，這創新飲食引起網路上的高度話題以及另一波飲食文化的興起。綜合這些體驗，我發現了耐人尋味的邏輯相關性。布丁的原料組合主元素：奶＋蛋＋糖，其實西式濃湯本身少不了這三種調味，在西餐食譜中可獲得見證。海鮮麵加牛奶，也就是西式海鮮濃湯的組合，但加入愛玉就屬於亂配，所以這樣烹調的好吃與否，骨子裡其實不是新鮮味，但是表象上的「不可思議」是種創新議題，成為市場行銷手段上的話題引爆，造就了這妙不可言的狀態。

前陣子有朋友請託，邀我為一個兩岸交流的場子，分享點對文創產業的看法。幾天前提起這件事，我也對著自己犯著嘀咕，談文化的舞台，下頭坐著兩岸的官，總擔心自己沒那能耐取悅聽聞者，心裡其實清明，若想要博個滿堂彩，就要在免俗與不免俗的內容準備拿捏中，像尾魚般的悠遊其中，不順心不順意的世事，也得當一勺糖蜜開心地吞下，就能見著原本

被矇了眼已隱世的世間角落。

　　這一年在台灣各講座上，四處傳遞著我對品牌推廣的信仰理念，但是後來發現，如果我能像個戲子般把妝給扮上，大家的著迷程度，其實高過於我像個革命家的演說。我花了很長時間去說服自己，但我很清楚我在意的，不是台下的掌聲，我在意的是只要人們記住了戲的內容，我就達到了信仰傳遞的目的了。

　　好些年了，兩岸政策大力推廣著文創，但到底有幾位官老爺說得清呢？

　　什麼是文創？我個人做了論述：文創是「文化＋創意」。

　　什麼是文化？文化是「歷史＋風土＋民情」。文化沒有好壞，那就是人真實走過的路徑，誠實的記錄留下的痕跡，因為真實，所以有血有淚，有悲有喜，所以精采。

　　什麼是創意？創意就是願意打破舊時的常規，做更美好的追求（記住！不是亂變）。舊時骨，新時魂，老東西有著累積而成的底蘊，堅固。新玩意兒花稍，令人目不暇接，繽紛。他們像不能分離的焦孟，誰離了誰都──無味！

　　文創融入到生活面中，才能廣義推廣，民以食為天，新舊飲食習慣互相衝擊，讓生活多點刺激與創意，挺好的呀！

　　看倌，來碗泡麵加顆布丁吧，有意想不到的新好滋味。

盤底乾坤大，如同禪坐的人，
千頭萬緒收攝入心，起承是功夫，轉合是修鍊。

輯2

食禪

# 37/
# 因果

這一週工作的忙碌是馬不停蹄的，
前兩天兒子推薦家巷口的一家熱煮滷味攤。
昨日結束工作，只希向外覓食先裹腹，
因體能已消耗大半，無法再進廚房多花力氣。

食完餐盤放在桌上，雖已淨空，
但上面有些許殘肴，形成有趣畫面。
兒子從外回來，我倆的對話如下：

兒子說：吃完了呦！盤子空了，啥都不剩。
我說：吃完了，但盤子沒空，看看上面剩了什麼？

他趨前觀看：「妳剛吃了巷口滷味？」
因為看到酸菜剩屑。
「加了辣椒。」
因為筷上有辣椒皮，所以應該有豆腐，
因為媽媽吃辣通常為了豆腐提味……。

眼前彷彿白盤裡的滷味重新豐盛堆積如山。

倒不是要拍柯南續集，而是在生活中不斷獲得因果領悟，

面對所有的因緣起與滅，

珍惜，感恩。

# 38／純美

我常常一個人獨處時，喜歡吃最簡單的食物，

沒來由的就是在最簡單的滋味中，能嘗到心裡想要的滿足與安定感。

我是個喜歡烹飪食物的人，

烹煮過程中，食物的口感層次到擺盤與餐具挑選，

都是我樂於花下時間做的工作，

那心情就像我畫張設計圖或是寫篇好文是一樣的感受。

但是，在一個人用餐時，

最能讓我輕鬆細細咀嚼的，

常是一碗淋上薄鹽醬油的白飯，

或是一個白胖饅頭，配上一小塊豆腐乳。


今天的中餐就是想吃一碗丟掉油包只加胡椒粉包的泡麵，

再加個水漂蛋。

煮水，我注意著麵條在滾水裡化開的時間，

從結塊的原形到城邦瓦解，到滾水中的浮沉間，適時撈起，

那恰到好處富有彈性的麵條，在最簡單的味道中，

讓我感到單純帶來豐富的美好滋味。


我不知道一般名廚獨自飲食時，是否也會和我有一樣的心情？

現代人生活物質過得豐富，但是過程卻經常極其粗糙，

囫圇吞棗的態度，

像在人生道上只顧著趕路，喪失更多好風景與好滋味。

有時在關鍵時刻，最甘美的湯水，

可能其實只是一杯純淨，溫度適中，晶瑩剔透玻璃杯中盛的白開水。


下回煮泡麵時，試試這種慢條斯理的旅程，讓美麗盡收眼底！

# 39 / 羽化

從未問過朋友們，大家如何煮白煮蛋？

這個最簡單的吃食，卻在我初進廚房時給過我一些考驗：

不知甚麼時候熟，所以剝了殼才發現蛋白還像水般流出。

水滾了放蛋？結果殼在滾水中當下滾得魂飛魄散，煮出一鍋帶殼蛋花湯。

怕不熟，煮太久，剝開蛋殼，蛋白已縮水2分，像老人皺起的面皮。


您的白煮蛋經驗是經由高人（媽媽、家人、朋友或是自己)傳授的嗎？

我總是在數次經驗後，得出現在的方式（我認為最好的）。


鍋中水滿過蛋。

開中火至水滾後即關火，蓋鍋蓋。

3~4分鐘後隨著水溫降低，隨時可以取食，

想要軟心蛋或是全熟，

在沒有爐火的鍋中依時間長短自行調配。


白煮蛋成為美味吃食的途徑很多：

可做沙拉，

可沾鹽或醬油，

或是素著吃，

還可以再炸過後拌炒其他肉類⋯⋯

最簡單的食材卻最能展現爐火純青拿捏的火候功力，

因為沒有任何其他佐料可以掩蓋，可以遮瑕。

人生中很多真實的態度不也是如此？

# 美極

北方菜館裡有道「地三鮮」。

馬鈴薯＋青椒＋茄子，指的是地上生長最鮮美的蔬果。

健康，實惠又美味。


我在北京住過幾年，創業的年代，

異鄉人在京是帶著小蝦米搏大鯨魚的膽識，

擁有的不多，但是也沒缺過甚麼。

俗話說出外靠朋友，

我就這樣把自己拋在一個冬天會下大雪的地方，

對於一個台灣人來說，無異於刻意背起行囊去流浪。


我在北京的小館子裡最先認識的兩道蔬菜，

就是地三鮮與酸嗆土豆絲，

零下氣溫裡的雪天，我在自己小廚房裡邊做邊吃，

那是段我記憶中十分辛苦卻又十分美好的歲月。

在台灣，家家豐衣足食，

大魚大肉的日子換點味道嘗鮮。

推薦給大家。

# 地三鮮

1 馬鈴薯切片（厚薄要自己拿捏，太厚不好熟透，太薄沒口感）。在平底鍋裡小
　火兩面煎黃，備用。

2 茄子與青椒切長條段備用。

3 碎絞肉少許用醬油適量先拌醃。

4 鍋內放少許油，先將絞肉下鍋拌炒，半熟後將茄子倒入，放點水煮至茄稍軟
　後，倒入馬鈴薯片，淋上醬油及胡椒粉，最後放入青椒段，蓋鍋蓋後轉最小火燜
　煮兩分鐘（注意鍋內水分當心燒乾，也不可太久，青椒會失去色澤與鮮甜）。

# 41/
# 武學

其實不知怎麼就會做菜了，

像極了年少時為了瘋民歌突然練會了吉他一般，

談不上技巧高深，自娛娛人倒是尚可。

做菜喜歡即興，沒特別菜單，

走的是神農嘗百草的精神。

基本工具的操作，卻是邊走邊學，

這些細節有時比調味還要有些學問。

例如，先放油入鍋加溫，還是先熱鍋才放油？

調味料除了滋味還有菜色美化作用，

那種醬油適合炒菜？哪種適合燉煮？

中國菜講究慢工出細活，

像打太極拳，看似柔弱平和，真捍衛起來力量無比強大。


調味料下鍋順序更是妙不可言，

鍋裡的溼度、溫度，都會讓同一種調味品產生不同的香氣。

有人說廚藝非凡的大廚，

一只鍋一把鹽依舊能變出滿漢大餐。

做菜不能急，氣定神閒按部就班，就能步步到位。

這道菜其實是看電視上學的，

自己稍做了點改良，

沒想到放上臉書的社群裡，獲得好迴響。

「地上鮮」是我在大陸工作時北方館子菜單上常有的詞（通常指馬鈴薯、

茄子、青椒），

就在此借用了吧！


## 孜然乾煎地上鮮


1 馬鈴薯2~3個（如果能買到美國品種，橢圓深色皮的最好，甜度與水分較少，
   更適合這道菜）。

2 洋菇數粒＋杏包菇數片。

3 香菜。

4 馬鈴薯切片，厚度要適中，太薄沒口感，太厚難熟，鍋熱用中小火即可，你可
   以依靠視覺看得出來，換面交替，微焦黃會很有香氣，備用一碗水，中間用噴
   灑方式，會起蒸氣，最後起燜的作用，就會熟透。2分鐘之內可以搞定。

5 馬鈴薯熟後取出備用。洋菇提升香氣祕訣是勿用水洗，用乾淨紙巾擦拭即可，放
   入熱鍋乾煎，洋菇本身有水分，會在加熱後滲出，半熟再倒入馬鈴薯。

6 馬鈴薯和洋菇熟後，倒入切碎屑的香菜拌炒20秒。起鍋前撒下胡椒粉與孜然
   粉，最後拌入麻油，所有食材會將油吸入，即可盛盤。

# 42/ 清心

清晨起，熱暈。

心想今年這夏應比往常更難熬吧。

異常的天氣變化，在冬季就已被天氣預報員的提醒弄得忐忑不安。

炎炎夏日，對還要負責家裡吃食的主婦或是煮夫們來說，

更是多了一分辛苦。

煮菜的人雖在溫度升高的廚房裡，往往擔心的幾件事不外乎，

家人愛吃嗎？客人滿意嗎？

有時端上桌的美宴，

是多少料理檯前的手忙腳亂或心急如焚（有東西焦了，沒熟，色澤難

看……）所換來。


前兩天去拜訪了佛光大學，臨別前去一廳堂給菩薩磕頭，

巧遇知通法師並獲得贈言。

法師說：「佛教裡講的眾生平等，希望佛弟子都能以無分別心對人對事。」

這平等與無分別心，包括對自己。

法師又說：「好好照顧自己並且善待，也是創造一項功德。」

我當下領受，輕輕又清清的言語如重重棒喝。

滿上一杯清水，丟下一片維他命C充滿的檸檬片，

再去陽台採葉尖上的薄荷葉讓它給漂上。

端給自己，炎炎夏日起床清涼又芬芳。

此文此甘露獻給所有煮婦與煮夫們。

（薄荷葉在夏日真的很受用，很多料理都適合，即使煮普洱茶時加入都相

容。花市裡很便宜，也是很好培植的草本植物。）

# 心法

很多朋友常問我，烹調是否有甚麼祕訣？

在我的烹飪活動中老實說沒有訣竅，但是絕對有心法。

心法是甚麼？

就是需要從心開始與食材親近，深入了解它的獨特特質、香氣，

然後幫助它與相合的加熱方式媒合，

激發出最美麗，最美味的風貌，與我們重新見面。

就好像你與一美聲女孩相遇，即使相貌平平，

若能日日聽她歌唱，天天感到心曠神怡，

那麼不戀上這姑娘都難。

反之，則所需時間過程肯定有一番周折。


我一向偏愛中式料理，因為這文化底蘊實在與整個民族習性相連。

博大而精深，華人飲食談甘甜，上品絕不會是直接入口的滋味。

高貴稀有的「甘」，絕對是從苦澀中迴旋轉身後再拔尖的頂峰滋味。

回甘和甜美，實質上是兩種不同層次的位置，

就像看似柔弱無勁的太極拳，幾個化位推手能卸掉千斤重力。

中式思維的內蘊溫厚才是高人的智慧表現。

這裡有個重點，不談捷徑，沒有竅門，這是心法養成的基本態度。

就好像任何一門中國武學，

紮馬步的底盤訓練的基本功都是入門必備，也是這個道理。

燒菜時我也喜歡如此思考。

醬燒的美味任何人都知曉，鹹中帶甘才是美味。

早期家家戶戶都愛用味精，

後來大家了解養生與食安的重要後改了習慣，

有人加糖，有祕訣加可樂，

我比較偏好用食材本身的甜度，去融入醬汁後的自然產生。

有很多食材本身經過加熱後，甜度是被高溫萃取而出的，

融在醬汁裡和其他滋味會合後，會在進入口中到達舌部某個位置後，

就能在適當時機迸發香氣讓滋味達到極致。

其實中國人很善用從心出發的演進領會歷程，

同時運用在很多生活當中，

中醫學術中很多珍貴的處方都有一味藥引子，

也是讓這帖藥功效發揮到最佳療效的關鍵。


前些天買了養生食材南瓜，中午去了皮，

在辦公室裡用水與醬油小火燜燒，即成了可口小菜。

剩餘湯汁有著南瓜的鮮甜，和醬油的香氣，

略加了些沙茶醬，成了我們拌麵最好的醬汁。


快煮慢食，以心面對食材，聆聽它們的聲音，

希望大家都能享受烹飪心法帶來的美好生活！

# 44 / 淨心

連續三天假日，台北卻是陰雨綿綿。
今年雙十國慶大家的心情有點像這天氣，
亂哄哄的市道，誰是誰非的混淆著。
我在家趕著書稿，稍微的一點安慰是無論繁簡或是忙閒，
我很少讓孩子吃外食，與其說孩子有口福，
其實我也享受職業婦女想做好母親的心情。

雖說所有健康專家都推崇三餐定時定量，但是偶爾嘴饞，
總在假日午後，在家中欣賞電影時，盼有些零食搭配氣氛與心情。
秋季，應景的蔬果很多，都是大自然最好的禮物。
除了入菜外，更能用最簡單的蒸煮方式來做點心佐茶。
菱角和帶殼的毛豆都屬此類，
只要用少許的鹽加在水裡就美味無比。

這是我家的自製零嘴（蔬果＋醃漬的青梅），
在這午後當季的食材鮮美之最是理所當然的。
無論時局多紛亂，靜心，心就淨了。

食物的美好，不在量大，而在質精。

# 以韶光為缽 用心體現一餐飯

　　初見面時，慰慈像一位行走江湖、英氣颯然的女俠，有著爽朗直率的性格；共事後會看到她是一個思考精準、判斷精闢的營運者，嚴厲但正直不阿。隨著歲月的腳步走來，與慰慈長時間、近距離相處下，我真心覺得她是一個修行者，一個非常努力把佛法落實在生活中的修行者，真誠探求自心，柔軟而堅定。

　　她讓我看到老實修行是會轉變一個人，即使修行路上顛簸難走、荊棘遍佈，外在困境與自我習氣常讓人撞得渾身傷，有時不免質疑到底所為何來？但是她堅信著佛的帶領，不曾停止對善的追尋，一步步地鑿掉身上的陳年枷鎖，露出自己原有的光亮，帶給別人溫暖，還有勇氣。這番作為不僅轉變了她，也讓周圍的人跟著改變，像是我，也開始變身大作戰，踏上了自我覺察之旅，為此，我要向她大聲說「謝謝」！

　　帶著這份清明靜定的心，慰慈烹調的菜肴總滿含著體貼，因為珍惜食材在時令產出的寶貴，感謝栽種者胼手胝足的辛苦。她堅持「食當季、食

當地」，以快煮帶出食材的本有鮮美；鼓勵大家慢食，坐下來好好吃一頓飯，不看電視、不滑手機，這才是真正寵愛自己、親愛家人的方法。食物的有滋有味，不只在選擇優質的食材，下廚者的用心才是最棒的佐料，而共食者的開心享用更是感受美味的催化劑。

經歷過大風大浪的慰慈，從人生的風花雪月走向修行的踏實篤定，睽違已久的著作《食禪》並不是單純教人做菜的食譜書；更多是慰慈和這世間的對話，面對現實挑釁的見招拆招。長久以來，許多修行相融於生活的體悟，凝鍊在她心頭，藉由文字流瀉出拿生命交陪的從容自在，也讓我們得以窺見生活可以如此簡單而美好，無須外求。

我應該是除了慰慈家人外，最常吃她煮食的幸運者！不論大宴小烹，我總讚嘆她一人就能在廚房舞出一桌好菜，對此，她總笑說腦子裡自有一套系統，針對手邊現有的食材可以在最快的時間內執行做菜計畫，有心法，也有工法。這對毫無廚藝可言的我，可是欽羨得要命！現在她出了《食禪》這本書，我可得從中好好學幾道當拿手菜來回敬她，才不負她苦口婆心的「引路」——引我走向修心、修身、修氣質的修行路。

寰宇人物主編　吳文禮

# 對味

　　十二月底，整座城市洋溢著即將辭歲迎新的歡快氣氛。馬路上，車有點多，人有點擠，我拐進金山南路附近的巷弄，把車聲拋在身後，準備趕赴一個歲末餐宴。

　　中午十一點半，準時抵達慰慈的小院子。一進門迎接我的，是她養的黑白貓太極，還有撲鼻而來的筍肉香，世道紛亂人聲喧囂就此隱去，一種家的溫暖突然擁抱了我。

　　我和慰慈曾是同事，雖然共事時間很短，大約一起工作不到兩個月，她就轉赴對岸負責一間大型購物中心的開設計畫，職銜一下子從出版社顧問變成商場總經理。但時間從來不是成就一段友誼的唯一因素，我始終相信緣分，人與人相處，對味很重要，我和短短共事過的慰慈，因為喜好相近，氣味相投，很自然變成好朋友。

　　我們相識這些年來，見面次數不算太多，但每隔一段時間，都會彼此問候一下，輕輕問一句：「最近好不好啊？」臉書流行之後，我們在fb上關注彼切動態，用訊息傳達關懷，一年半載相約見一次面，坐下來喝一杯

咖啡，交換生活上的悲喜憂歡，友誼就這麼不濃不淡一路走了下來。

相識這麼多年來，她的職銜丕變，從總經理、總監、顧問、老闆到雜誌創辦人，無論職稱和工作性質是什麼，面對工作，慰慈從來都有一種拚搏的霸氣，彷彿一個戰場上的大將軍。這兩三年來她走入修行日深，脾氣個性有了不少轉變，整個人益發沉靜下來，但那種做什麼都要認真的拚搏精神猶在，只是更內化而沉潛了。

記得多年前，她在聊天時告訴我，自己在情感上是個傳統的人，總喜歡用食物餵養所愛的人。「對我來說，為家人下廚就是一種真心實意的關愛，用熱飯熱菜溫暖他們的脾胃，讓他們感受我滿滿的愛。」慰慈如是說。

乍聽此話，我是半信半疑的，因為跟她職場女強人的架勢實在太不吻合了。結果，她用另一種方式證明自己，推翻了我的狐疑。慰慈的「食禪」專欄開始出現在南京的揚子晚報上，一篇文章對應一個食譜，一年半來下來，三、四十篇稿子，從烹飪、拍照到寫稿全都親力親為，所有食材隨著四季，自然地把生活的日常記錄下來。而後，她告訴我想把這些紀錄集結成書，我有幸成為這本書的編輯，不但得以一睹為快，還撈到一頓她親手做的飯食，於焉有了這場歲末家宴之約。

我走進小院子的時候，慰慈正在滷筍乾，我被筍肉香誘進廚房，只見單口爐上，筍乾在肉汁裡熱烈地燉煮著，香氣急竄。案頭砧板上，食材羅列，該切的、要煎的、已川燙的，整整齊齊一字排開，大白菜、馬鈴薯、

玉米筍、蛋豆腐、青江菜、洋菇、洋蔥⋯⋯，變成刀兵劍卒，我彷彿又見慰慈變身大將軍，在她的小廚房裡安排著戰事陣仗，如何調兵遣將？何時走火攻？何時下令作水戰？所有學問安排明明白白在她心底那本戰事表上。

「滷肉的時候，我習慣先在鍋裡把五花肉的油煎出來，再加醬油和蔥段一起滷，肉滷好先夾出來，另用肉汁滷筍乾，最後再加胡蘿蔔一起煮一會兒，胡蘿蔔的甘甜融入其中，連冰糖都不用放。」

「這個季節菜心非常甜美，我用菜心煮煨麵，蝦米和蔥段先下鍋爆香，爆出香氣，再下菜心一起煨煮，甜味和甘美都煮在湯裡了。」

「燒番茄煨豆腐，番茄我總是分批下，一批煮得久些，全部化成汁，一批後下，保留口感。豆腐一定要煎香上色，這樣煨煮出來的味道就會不一樣。」

慰慈在小廚房裡，緩緩解說著每一道菜的工序，有條不紊讓每一項食材照著先後順序下鍋。她說自己只用筷子做菜，「因為筷子比鍋鏟靈活。」她還說：「我做菜，調味非常簡單，通常只有鹽、醬油，一點點香油，連糖都很少放，我喜歡讓食材的自然鮮甜完全展現出來，所以素來少用醬料。」

我想起她在文章中寫到：「中國菜的奧妙，除了煎、煮、炒、炸等基本烹飪技術外，有些食材間的互相搭配提味，才是高手真正顯露才藝之作。」

慰慈顯然是擅於調兵遣將的料理好手，靠著一次次揣摩、一遍遍實驗，往昔離家跨海工作，為了想家，摸索著在異鄉廚房做起家鄉菜，經過無數次練習，反覆試做，昔日廚房菜鳥現在已非吳下阿蒙，做起菜來指揮若定，氣定神閒，精準掌握每一道工序和調味，又因為熟能生巧，加鹽擱醬油，早已信手捻來，隨興揮灑。

　　我們坐下來吃她的菜，調味簡單、味道純淨，像她現在的心境。但每一樣食材在盤裡各顯其味，各盡本分：滷五花肉醇香酥透，飽吸油潤的筍乾一別乾瘦，脆中帶腴；素什錦繽紛素雅；番茄蛋豆腐在鍋裡擁煮入味之後，滋味交融；打過霜吃過露水的菜心，向小蝦米借來鮮美，在湯裡煮到綿軟，無盡甘美。

　　慰慈曾在「轉身」一文中形容：「食材像是京劇裡的戲角兒，要想角色發揮到淋漓，還需要扮相，不同的觀眾適合不同的戲碼。掌廚者是編劇也是寫故事的人，要博得個滿堂彩，處處都是學問。」

　　吃飯如人生，從來都不是一件簡單的事啊！


　　　　　　　　　　　　　　　　　　　　　　錢嘉琪

# 有機無毒農友資訊

### 一、蔡旭志 / 天然茶莊

供應項目：茶葉、當令蔬菜、野菜餐飲

連絡電話：(02)2660-5235 ／ (02)2660-3762

所在地址：新北市汐止區汐碇路380巷30號

### 二、劉金枝 / 芽寶寶有機芽場

供應項目：有機芽菜（苜蓿芽、青花菜芽、葫蘆巴豆芽、向日葵芽、紅扁豆芽、蕎麥芽、黑豆芽、綠豆芽、黃豆芽、雪蓮子芽）

連絡電話：(02)2602-9250 ／ 0986-603-607

所在地址：新北市林口區中湖里菁埔25-8號

### 三、江瑩華，江瑩青

供應項目：地瓜、當歸、薑黃、當令蔬菜

連絡電話：0939729554 ／ 0939729564

所在地區：新北市淡水區

### 四、仙峰御品

供應項目：有機高山茶(通過歐盟EU和日本JAS認證)

連絡電話：(049)275-1955

所在地址：南投縣鹿谷鄉中正路三段260號

### 五、大花有機玫瑰農場

供應項目：玫瑰花瓣及玫瑰精露、玫瑰花茶等有機玫瑰相關製品（通過MOA(財)國際美育自然生態基金會有機認證）

連絡電話：(08)739-6588

所在地址：屏東縣九如鄉九如路一段

國家圖書館出版品預行編目(CIP)資料

食禪：一只碗裡的四季風景 / 張慰慈作. 攝影
-- 初版. --
臺北市：賽尚, 民106.02
　面；　公分
ISBN 978-986-6527-39-5　（平裝）

1.飲食 2.文集
427.07　　　　　　　　　　　　105025236

# 食禪

| | |
|---|---|
| 作者・攝影 | 張慰慈 |
| 發 行 人 | 蔡名雄 |
| 主　　編 | 錢嘉琪 |
| 美術設計 | 吳慧雯 |
| 數位影像・資訊管理 | 蔡名雄 |
| 出版發行司 | 賽尚圖文事業有限公司 |
| | 106台北市大安區臥龍街267之4號 |
| | （電話）02-27388115（傳真）02-27388191 |
| | （劃撥帳號）19923978（戶名）賽尚圖文事業有限公司 |
| | （網址）www.tsais-idea.com.tw |
| | 賽尚玩味市集http://www.pcstore.com.tw/tsaisidea/ |
| 總 經 銷 | 紅螞蟻圖書有限公司 |
| | 台北市114內湖區舊宗路2段121巷19號（紅螞蟻資訊大樓） |
| | （電話）02-2795-3656 　（傳真）02-2795-4100 |
| 製版印刷 | 科億印刷股份有限公司 |
| | |
| 出版日期 | 2017年（民106）2月初版一刷 |
| I S B N | 978-986-6527-39-5 |
| 定　　價 | NT.320元 |